Introduction to Thermodynamics

熱力学入門

佐々真一 著

共立出版

本シリーズの
刊行にあたって

　物理学は，自然現象の中に潜む単純な原理を探って，それによって理解を広げてゆくことをめざす学問である．そのため，他の自然科学や先端技術を支える基礎的な学問になっている．

　自然科学や技術開発に携わろうとする人々にとって物理学は必修の学問である．多くの学問が物理学の成果をその土台の一部に持っているだけでなく，物理学的なものの見方や自然へのアプローチが自然科学のひとつの見本ともなっているからである．

　残念なことに昨今，物理学は難しいという声を聞く．しかし，基本事項を正しく理解して，順に応用範囲を広げていけば次第にわかるようになり面白くなってくる．

　本シリーズでは，現代の自然科学や科学技術の基礎を支えている物理学の基本事項をやさしく解説する．特に，基本概念の理解や考え方の説明に重点を置く．物理学が数学を使って自然を理解する学問であるため，難しいという印象を与えるようである．そこで，数学で書かれた法則と，数学的方法を手段としてそれを発展させる部分の混同を避けるために，物理学の部分と数学の部分がよく分かれているように記述を工夫する．項目は厳選し，どのような学習をすれば，自然界を深く認識できるのかを伝えられるように工夫する．さらに，本質をつく例題・演習問題を付けるようにした．

全体を10巻のシリーズとして，物理学研究の第一線で活躍されながら，教育にも力を注いでおられる方々に執筆をお願いした．構成は以下の通りである．

物理学入門	光学入門
力学入門	統計物理学入門
電磁気学入門	量子論入門
熱力学入門	物性論入門
振動・波動入門	相対論入門

　本シリーズが21世紀の我が国の自然科学，先端技術をになう若い読者に歓迎されることを願ってやまない．

　なお，本シリーズは，共立出版(株)編集部の古川昭政氏の強いご意思によって生まれたものであるが，氏はその発刊を待たずに他界された．氏のご尽力に感謝しご冥福を祈りたい．

東京大学大学院総合文化研究科教授
兵　頭　俊　夫

はじめに

　大学の理科系学部の基礎として位置づけられている物理学の科目の中で，熱力学は理解するのが難しい，とよくいわれる．理由は次の3点にあるだろう．
　まず第1に，論理がわかりにくい．ここで，論理とは，何が測定されて，何が実験事実で，その結果，どういう法則が成り立つのか，という学問の全体像を意味する．
　第2に，力学に代表される他の物理学の科目に比べて，使われている言葉がかなり違う．熱力学の言葉は，日常的な言葉遣いの延長で意味が通用してしまうような錯覚に陥るために，熱力学特有の概念を理解するのがかえって難しくなっている．
　第3に，微分形式，ルジャンドル変換，様々な熱力学関数など，熱力学を応用する際に必要な道具が膨大にある．しかし，熱力学の本質は，微分形式にもルジャンドル変換にもないから，それらを習得しても熱力学がわかった気にならない．
　つまり，「ちんぷんかんぷん」ではないけれども，わかるようなわからないような感じですすんでいくと，気がついたら，楽しみにしていた「エントロピー」が天からおりてきて，狐につままれているうちに，偏微分の山に面食らい，熱力学関数の洪水に溺れてしまう．このパターンは，かなり普通に，昔から繰り返されてきたのではないだろうか．

不思議なことに，理解しなくても使えるようになる．たとえば，最初に必要な概念をすべて鵜呑みにし，公式を覚え，具体例に応用し，問題演習を重ねていくと，熱力学の標準的な目標「熱力学関数を自在に扱い，様々な熱力学的な具体例に対して，問題となっている量を計算可能にすること」を達成できるかもしれない．

しかし，そのアプローチでは，実用的に有効だとしても，熱力学の成り立ちや全体像の理解を放棄することになる．1.1節の背景で述べるように，熱力学は応用されるだけの学問ではない．使えるだけでなく，熱力学そのものを理解したい．

それゆえに，何が測定されて，何が実験事実で，その結果，どういう法則が成り立つのか，という論理を理解するこが大切になってくる．これは，つまり，熱力学特有の言葉や意味を噛みしめながら，微分形式やルジャンドル変換の技術を勉強する前に，熱力学の核心部分を理解することに他ならない．そういう理解の達成を目標にするのが，本書である．

本書は，初めて熱力学を学ぶ学生を対象にした教科書である．したがって，大学新入生が読める内容になっている．微分形式にもとづく理論の展開はしない．ただし，応用するときに便利なので，微分形式によるまとめについては，簡単に説明する．また，独立変数のとりかえなど，偏微分に関係する（慣れないと）少々複雑な計算は，エントロピーが導入され，熱力学第2法則が数学的に表現されたのちに，はじめて必要とされる．しかし，その計算においても，付録：偏微分にまとめてあること以上の知識は前提としない．

さらに，本書は入門書である一方，最新の知見も含んでいる．操作や過程という熱力学にとって大事な言葉を前面に出して，エントロピーや自由エネルギーという新しい物理量を自然に見い出していく，という構成は，広く流布しているものではない．したがって，熱力学に興味をもつすべての自然科学者にとっても，本書は有用であると思う．

最後に，本に書いてあることがいつも正しいとは限らない，ことに注意したい．ワープロの打ち間違いだけでなく，誤解を招く記述や，説明が不足している記述や，さらには，論理的におかしな記述もあるかもしれない．読者が本の内容を理解できないとき，本の著者に責任があることはよくある．大

事なことは，書いてあることを鵜呑みにすることでなく，納得することである．書いてあることがわからないときは，著者のどこがおかしいのか，あるいは，自分のどこがおかしいのか，追求してほしい．本書の内容に関する指摘や質問は，e-mail で，筆者に送っていただければ，できる範囲で答えるようにしたい．

2000 年 2 月

佐々 真一
sasa@scphys.kyoto-u.ac.jp

目　次

第1章　序論　　1
1.1　背景　　1
1.2　熱力学とは　　2
1.3　現象　　3
1.3.1　問題1　　3
1.3.2　問題2　　4
1.4　本書の特色　　5

第2章　設定　　8
2.1　平衡状態　　8
2.1.1　温度　　11
2.1.2　壁　　11
2.1.3　環境　　13
2.2　物質の熱力学的性質　　15
2.2.1　状態方程式　　15
2.2.2　熱容量　　18
2.3　熱と仕事　　23
2.3.1　仕事　　23

	2.3.2 熱源が与える熱	24
2.4	形式的設定	25
	2.4.1 状態と状態変数	25
	2.4.2 示量変数と示強変数	26
	2.4.3 過程	28
	2.4.4 仕事と熱	29
2.5	準静的過程	30

第3章 熱力学第1法則　　35

3.1	熱と仕事の等価性	35
3.2	内部エネルギー	38
	3.2.1 内部エネルギーの決定	40
	3.2.2 例: 理想気体	43
3.3	断熱曲線	43

第4章 熱力学第2法則　　47

4.1	永久機関	47
	4.1.1 ケルビンの原理	49
4.2	等温過程における熱力学原理	51
	4.2.1 最小仕事の原理	51
	4.2.2 最大吸熱の原理	52
4.3	2温度熱機関	53
4.4	カルノーの定理	54
	4.4.1 カルノー機関	55
	4.4.2 カルノーの定理の証明	57
4.5	絶対温度	59
	4.5.1 理想気体温度との関係	60

第5章 エントロピー　　64

5.1	不可逆性	64
5.2	エントロピーの本質	66

- 5.3 証明 69
  - 5.3.1 エントロピーと熱 69
  - 5.3.2 エントロピーと断熱曲線 72
  - 5.3.3 エントロピーと温度 72
  - 5.3.4 エントロピー増大則 73
  - 5.3.5 断熱過程の実現可能性 74
- 5.4 例：理想気体のエントロピー 75
- 5.5 完全な熱力学関数 76
  - 5.5.1 完全な熱力学関数（その2） 78
  - 5.5.2 完全な熱力学関数の意義 79
- 5.6 例：可逆熱接触 79

第6章 熱力学関係式　　84

- 6.1 自由エネルギー 84
  - 6.1.1 定義 84
  - 6.1.2 任意性の固定 86
- 6.2 微分形式による記述 87
- 6.3 エネルギー方程式 91
- 6.4 例：温度に依存するばね 92
  - 6.4.1 ばねの温度上昇 93
  - 6.4.2 1次元ばねの熱力学 95
  - 6.4.3 エントロピー弾性 97
- 6.5 例：相転移にともなう熱 98
  - 6.5.1 相転移 98
  - 6.5.2 クラペイロンの式 100

第7章 安定性と変分原理　　103

- 7.1 等温環境の場合 103
  - 7.1.1 平衡状態の安定性 104
  - 7.1.2 自由エネルギー最小原理 105

	7.1.3　非拘束変数の発展基準	107
7.2	断熱環境の場合	108

第 8 章　多成分流体の熱力学　　111

8.1	多成分流体の熱力学関数	111
	8.1.1　化学ポテンシャル	114
8.2	例: 2 成分理想気体	116
	8.2.1　断熱自由混合によるエントロピー増大	116
8.3	希薄溶液の自由エネルギー	117
	8.3.1　浸透圧	121

付録：偏微分　　125

A.1	定義	125
A.2	関数の展開	126
A.3	偏微分の関係式	126

関連文献　　128

おわりに　　130

索　引　　133

図のあらわし方
本書では次の約束に従うものとする．

────────── 断熱壁(外)	××××××××× } 流体
────────── 透熱壁(外)	
▨▨▨▨▨▨▨ 断熱仕切り壁	･･･････････ } 別の流体
══════════ 透熱仕切り壁	

第1章

序論

1.1 背景

　近代科学は，我々をとりまく自然現象に法則を見出し，その法則を体系化してきた．特に，ニュートンによる古典力学の体系化により，運動の記述から運動を生み出す力へと焦点が移り，自然現象の法則化とは力を理解することに他ならない，という考え方が定着してきた．

　たとえば，転がるボールはいつかは止まる，という事実は，ボールに摩擦力が働くからである，と力学の立場では説明される．さらに微視的に見れば，摩擦力は物体と物体の接触面において，いろいろなことが要因となるのだが，力としての理解は，電磁気学における力ほど簡単な話ではない．

　ところで，転がるボールはいつかは止まる，という現象は，力の起源を問うだけでなく，もっと深いレベルで自然現象のあり方を問題にしているように思える．第1に，止まっているボールが自発的に転がりはじめたりしないのだから，**自然現象の変化には方向性がある**．自然現象の変化に方向性があることは，同時に，我々が自然に対してできることに限界があることも意味する．たとえば，生物はいつか死ぬ．これが自然現象の変化の方向である．そのとき，我々は，死んだ生物を生き返らせることはできない．つまり，**我々が，どう操作しても，実現できない変化がある**．さらに，摩擦力のあるおか

げで，自然現象の変化は，我々が認識できる程度に，安定にしている，と思える．おそらく，**自然現象の変化の方向性は，世界が安定に存在することと関係する**．以上のことから，自然現象に対して，「変化の方向性の存在」「実現可能な操作の限界」「安定性」という点を問題にする見方がありうるように思える．ここでは，これらを象徴的に「方向的変化の論点」とよぶことにしよう．

読者は，「方向的変化の論点」が科学として議論されうるのか疑問に抱くかもしれない．実際，力を理解しようとする自然現象の法則化の立場では，「方向的変化の論点」を問題にしない．また，その論点を生・死の問題まで含めて一般的に議論できるほど，科学は成熟していない．しかし，「方向的変化の論点」を明確に含む学問が 19 世紀に確立している．それが熱力学である．

ニュートン力学と同様に熱力学は古い学問である．そして，ニュートン力学と同様に，自然現象を理解する上で基盤となるべきものである．しかし，ニュートン力学的な現象の見方の延長は，20 世紀までに大きく発展したのに対し，熱力学的な現象の見方は，19 世紀のそれにとどまっている．それどころか，熱力学は「方向的変化の論点」を問題にした，ということすら，忘れられているようにも思える．21 世紀には，様々な自然現象に対し，「方向的変化の論点」を，科学としてより深く，また，実際的な問題と絡みながら，議論されるであろう．そのためにも，考え方においてその基盤となるべき熱力学を理解することは大切である．

1.2 熱力学とは

熱力学は，「方向的変化の論点」を問題にしつつも，対象は制限されている．物体の巨視的な変化がない状態を平衡状態とよび，ある平衡状態から別の平衡状態への変化が熱力学の対象である．たとえば，「生物の死」という現象は，生物が生きている状態が平衡状態でないので，熱力学の問題ではない．

平衡状態間の変化は，物体が外部からなんらかの作用を受けることによって引き起こされる．どのような作用に対して，どのような状態変化があるのか，という詳細は，物質の属性に応じて，様々である．熱力学は，その各々の

個別的なものを問題にするのではない.「方向的変化の論点」に即して, 物質の属性に関係なく成立する法則を体系化する. ただし, その法則の表現の中には, 物質の属性がパラメータ[1] として含まれる. 熱力学法則の表現に含まれる物質の属性を「物質の熱力学的性質」とよび, 熱力学法則を通して, 物質を特徴づけることができる. まとめると, **熱力学とは, 熱力学的性質によって特徴づけられた物体の平衡状態間の変化に関して,「方向的変化の論点」が, 物質の属性に関係なく成立する法則として体系化されたものである**.

1.3 現象

熱力学が対象にする現象を感覚的に納得するために, 典型的な問題を2つ提示しよう. 問題の題意は, 高校物理の範囲で理解することができるが, これらの問題を解くには, エントロピーなどの概念を理解する必要がある. 解答は, 本書の後章で明らかになる. これらの問題を1つの学問体系の結果として理解できれば, 1.1節で述べた熱力学の科学における位置づけや, 1.2節で述べた熱力学の性格が了解できるようになる.

1.3.1 問題1

図1.1のように, 断熱壁で囲まれた箱が, 断熱板と透熱板で左右に仕切られており, 左右の部分に温度 T_1 の気体と温度 T_2 の気体が同じ物質量 N だけ

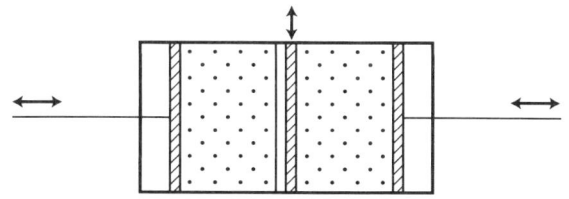

図 **1.1** ピストン操作と断熱仕切り壁の出し入れをだけを使って実現する温度の範囲は? もとに戻せる温度は?

---

[1]「パラメータ」という言葉は, わかりにくいかもしれない. たとえば,「x が y に比例する」というのが法則だとするとき, 比例係数がその法則のパラメータだとするイメージでよい.

入っている．それぞれの部分の流体の体積は，ピストンで変えることができ，最初，体積がともに V であるとする．この状態を Z_1 とする．断熱仕切り板を抜いたり入れたりすること，および，左右のピストンを動かすことだけを使って，左右の気体の温度と体積がともに (T_3, V) になったとしよう．この状態を Z_2 とする．T_3 のとりうる値の範囲を求めよ．特に，許された操作だけを使って，状態 Z_2 から最初の状態 Z_1 に戻ることができるような温度 T_3 がただ 1 つ決まる．この温度 T_* を求めよ．ただし，気体は単原子理想気体だと仮定してよい．また，箱全体の体積は十分大きく，気体の体積はいくらでも大きくできるとする．

(注釈)

(1) T_3 に範囲があることと T_* の値が 1 つに決まることが，熱力学法則の結果としてわかる．そして，物質の熱力学性質が与えられるなら，それに応じて，それらを具体的に計算することができる．問題では，具体的に計算できるように，気体を理想気体だとしている．

(2) T_3 に範囲があることは，その範囲以外の値へ変化させることができない，ということであり，実現可能な操作に限界があることを意味する．特に，T_3 が T_* 以外の温度になった場合，もとに戻すことができない．これが，熱力学的不可逆性の例である．

1.3.2 問題 2

ばねを引っ張れば，変位に比例してもとに戻ろうとする力が働く．その比例係数であるばね定数 k を実験で測定すると，$k(T) = k_0 + k_1 T$ のように，温度 T に依存した結果を得た．ただし，$k_0 \geq 0, k_1 > 0$ とする．図 1.2 のように，このばねを断熱箱で囲んだのちに，ゆっくりとばねの長さを変化させるとき，変位 x に対するばねの温度 $T(x)$ を求めよ．変位がない ($x = 0$) ときのばねの温度を T_0 とし，変位 x を固定したときの熱容量を (T, x) に依存しな

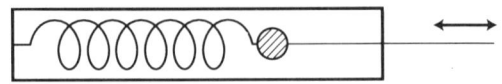

図 1.2 断熱箱で囲まれたばねをゆっくり引っ張る．ばねの温度はどうなるか？

い定数 C_0 としてよい．

(注釈)

ばねの温度は必ず大きくなる．その意味で，変化に方向性がある．この変化の向きは，「変化の原因を打ち消す方向に変化する」という安定性に関係した仮説を認めれば，次のように解釈できる．変化の原因は，ばねに与えた変位にあるのだから，それを打ち消すために，復元力を大きくしようとする．温度が高くなれば，それだけばね定数が大きくなって復元力が増すので，ばねの温度は大きくなる．変化の向きと安定性が絡んだ問題である．

1.4 本書の特色

熱力学は非常に広い適用範囲をもつのだが，その体系を一般化して議論すると，具体的な描像をもてなくなり，理解が困難になる．そこで，本書では，「流体」を具体例にして，熱力学を説明していく．ここで，流体とは，動くことのできない壁で囲まれた箱に閉じ込められた液体や気体のことである．

問題 2 で流体以外の例があらわれているように，ひとたび，流体に関して熱力学法則を理解すれば，それを他の題材に適用することは，本質的に難しいことではない．(もちろん，題材に固有の事情があり，熱力学の体系の他に，その題材の諸々のことを知る必要がある．その部分は簡単でない．)理論嗜好の強い読者は，流体を題材にして書かれた記述を，自分で一般化して読みなおすようにしてほしい．

本書は，基本的には，伝統的な熱力学の構成にしたがっている．状態方程式と熱容量という測定可能な物質の熱力学性質にもとづいて，内部エネルギー，絶対温度，エントロピー，自由エネルギーという高度な物理量に到達していく．本書の見どころは，5 章のエントロピーにある．伝統的な熱力学の本では，絶対温度からエントロピーへと議論を展開する際に，無限個のカルノーサイクルを使ったり，微分形式の考え方をもち出したりしながら，エントロピーを定義する．それに対し，本書では，エントロピーへの動機づけを不可逆性から与え，エントロピーの本質を先に明示し，その必要条件からエントロピーが満たさなければならない表現を見い出す．エントロピーという物理

量がいかに自然で，任意性のない量であるかが納得できると思う．

その他の章でも，天下り的な議論をできるだけ避けるように考えたつもりである．たとえば，多くの本では，自由エネルギーはその定義が天下り的に書かれるか，ルジャンドル変換という数学的な手法から議論される．本書では，最小仕事の原理という，熱力学第2法則の1つの表現から，自由エネルギーに迫っていく．

熱力学では，何が前提で，何が結果なのか，という論理が込み入っている．そこで，本書では，「前提」「定義」「定理」「法則」という小見出しをつけて，重要な仮定や言葉の定義や結果が一目でわかるようにした．たとえば，その小見出しだけを追っていって，最初に，全体の雰囲気をつかむこともできるだろう．重要な実験結果が理論の「前提」になり，そこから，帰結されるのが「定理」である．そして，帰結されるもののうち，2つの法則，熱力学第1法則と熱力学第2法則は特別の意味をもっている．この2つの法則を中心に熱力学の体系を整理することにより，本書が前提としてきた実験事実を演繹的に議論しなおすことができるからである．

「定理」の説明を（証明）という段落に分離して書いた．このような，数学的な記述スタイルは，それだけで，抵抗を感じるかもしれない．しかし，（証明）という段落で，数学的に難解なことを議論しているわけではない．（証明）を読む前に，定理の意味を考え，自分で手を動かして証明を書いてもよいだろう．

熱力学の考え方を習得したなら，具体的な問題にも適用したい．多くの問題を解くことも大事であるが，それは既存の問題集に委ねて，本書では，前節であげた2つの問題，および，相転移にともなう熱と希薄溶液の浸透圧の2つの例題を丁寧に解説する．1.3.1節の問題1の解答は，理想気体のエントロピーを導出した後の5.6節で，熱力学第2法則の応用問題として説明する．理想気体のエントロピーを求めるのに必要な熱力学的性質については，3，4章で順に明らかになってくる．1.3.2節の問題2の解答は，6.4節で与えられる．流体に対して展開した理論が，ほとんどそのままばねに適用できるのが，熱力学の意義深い点でもある．問題2.3, 3.5, 4.4, 5.2として，各章の内容をばねの問題で問い，それを順に解いていくことにより，熱力学を流体以外に

対してどう適用されるのか，わかるであろう．また，本文の内容の理解を確認したり，本文の補足的な内容を考えたりするために，各章の最後に問題を掲げてある．特に，非理想気体を考察する問題はすべての章にある．理想気体がもっとも簡単な題材であるために，本文の例はすべて理想気体で行っているが，熱力学は理想気体を研究する学問ではない．その点を明確にするためにも，問題にとりくんでほしい．なお，解答はつけていないが，本文の計算をそのまま踏襲すればよい．

最後に，本書では，入門書ということから，題材を思い切って絞っている．最初に多くの題材をとり入れると，肝心の理論の骨格が理解できなくなるからである．たとえば，化学反応の熱力学などで重要になるギブスの自由エネルギーやエンタルピーを導入していない．化学反応の熱力学そのものを議論しないので省略した．それに関連して，絶対0度近傍の振舞いの記述だけでなく，化学熱力学においても重要になる熱力学第3法則も説明していない．しかし，これらの題材を勉強する際にも，本書の理解が基礎になると信じている．

第2章

設定

平衡状態，物質の熱力学的性質，熱と仕事など，熱力学の土台となることを説明する．また，熱力学の議論をすすめていくのに便利な記号を導入する．

2.1 平衡状態

外から何もせずに放置して到達する巨視的な変化のない状態を**平衡状態**とよぶ．特に指定しなければ，実験室の机の上にそっと置くようなことを想定しているが，どこにどういう風に放置するのか，そもそも放置とは何か，議論しておく必要がある．放置という言葉は，流体[1]に何か操作をする，という前提で意味をもつ．そこで，流体にしてもよい操作を，最初から制限して話をすすめることにする．次の4つの操作を認めることにする．

操作1: 仕切り壁を挿入したり除去したりできる（cf. 図 2.1）．
操作2: ピストンなどで仕切り壁を動かすことができる（cf. 図 2.2）．
操作3: 羽車などで流体をかき混ぜることができる（cf. 図 2.3）．
操作4: 温度が制御された物体を流体に接触させることができる（cf. 図 2.4）．

---

[1] 流体の意味は 1.4 節を参照．

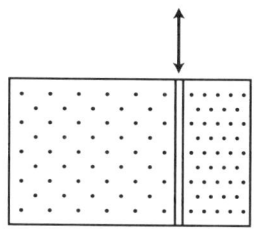

図 2.1 仕切り壁の出し入れ

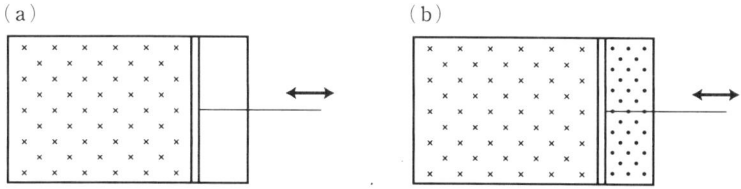

図 2.2 仕切り壁の移動．(a) では，仕切り壁の右側は真空であり，壁を動かすことにより，流体の体積を変化できる．(b) では，異なる種類の流体が壁で仕切られている場合を示している．

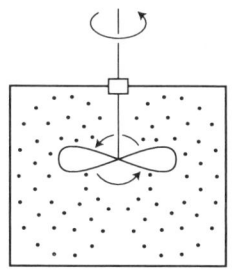

図 2.3 流体をかき混ぜるには，たとえば，流体中で羽車を回転させればよい．熱力学を体系化するのが目的なら，この操作を積極的に考える必要はない．

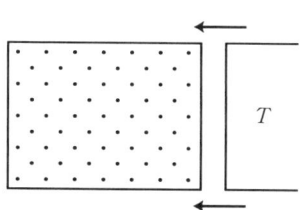

図 2.4 熱源を流体に接触させる．

操作 1 から操作 3 を**力学的操作**，操作 4 を**熱的操作**とよぶ．

(注釈)

(1) 箱を傾けて重力場の影響を与えたり，回転させて遠心力を作用させたり，電磁気的な相互作用する粒子が入っている流体に電場や磁場をかけたり，…などの，流体への操作を考慮しない．これらの操作は，現実に可能であり，また，これらを含めて熱力学の議論をすすめることは，形式的には，それほど難しいことではない．しかし，熱力学の基本的骨格を理解しようとするときに，形式的な議論を展開するのは，好ましくないと判断し，許される操作から省いた．

(2) 温度が制御された物体のことを**熱源**とよぶ．特に指定しなければ，温度が一定値に制御されているとする．ただし，温度の時間変化が制御されている場合を考えてもよく，その場合には，「温度が変化する熱源」と明示的に述べる．また，熱力学の結果[2]として，温度をあげることより，さげることが難しい．それゆえ，低温に保たれた熱源や温度を低くするように制御された熱源を用意すること自体が，現実的には問題になることもある．ここでは，必要な熱源が既に用意されている，という前提で話をすすめる．

(3) 異なる種類の物質の混合は，2 つの箱にそれぞれ異なる種類の物質をいれ，その接触壁をとることで実現できる．しかし，物質の混合という操作は，すこし特殊な事情があるので，8 章まで考えないことにする．

(注釈終り)

操作を終えて，十分時間が経過して，巨視的な変化のない平衡状態になったとする．この状態を特徴づける物理量を決めたい．ピストンで壁を動かすことができるし，熱源で流体の温度を変えることができるので，流体の平衡状態を特徴づけるのに，少なくとも，温度 T と体積 V が必要なことはわかる．(T,V) 以外の量で大事な物理量があるかどうか，一般的な考察では議論しようがない．また，流体にしてもよい操作として，電磁場などの作用を考えるなら，それに応じた物理量が平衡状態の特徴づけに必要になる．ここでは，「(T,V) が平衡状態を決める物理量であることから出発し，その後の熱力

---

[2] たとえば，定理 5.2 を参照．

2.1.1 温度

以上の議論では，温度 T と体積 V が測定できることを前提にしていた．体積 V については，幾何学的な量なので，測定可能性に疑問の余地はないだろう．しかし，温度はすこし性格が異なる．たしかに，温度は温度計によって測られる．ところが，温度計では，たとえば，温度計に封入された物質の膨張の度合いを測っている．温度計それ自身に，熱力学の内容が先どりされているとも考えられる．

それゆえ，論理的に整然とした議論を展開するために，温度を後から定義する方がよい，とする考え方もある．そのような理論の再構築は，熱力学の概念をひととおり勉強したあとで必要なことかもしれない．本書では，温度を最初から認める．また，温度計が示す値が時間的に変化しているとき，その値を温度とよぶのは，熱力学を超えている[3]．しかし，温度の時間変化を温度計の示す値の時間変化と同一視し，かつ，その時間変化にきちんと意味づけできることを前提にして議論をすすめる．

温度計の目盛はどうでもいい．摂氏で測ろうが，華氏で測ろうが，独自の目盛で測ろうが，4章までの議論の本質には関係がない．しかし，本書では，最初から，T を摂氏温度に 273.15 度を加えたものと考える．この温度は理想気体温度とよばれるもので，その由来は次節で説明する．この理想気体温度は，4章で定義する絶対温度と一致する．絶対温度は，適当に考えた目盛と異なり，熱力学において特別な意味をもっていることがわかる．

2.1.2 壁

熱力学にとって重要な壁の種類を分類しておこう．まず，壁は不動壁か可動壁である．不動壁とは，壁の端がしっかり固定されている壁である．仕切り壁の両側にある流体に圧力差[4]があっても，壁を固定している部分に力が働

---

[3] 平衡状態以外でも，平衡に近いなら，温度概念を拡張して使うことができる．非平衡熱力学の最初の論点の1つである．

[4] 流体が壁に対して単位面積あたりに及ぼす力を圧力とよぶ．

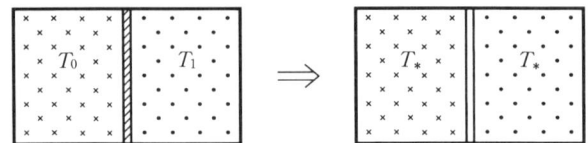

図 2.5 温度の基本的性質．断熱壁で仕切られた流体の平衡状態では，2 つの部分の温度は異なっていてもよい．透熱仕切り壁にすると，温度が等しくなる．

き，壁の位置が変化することなく平衡状態になりうる．可動壁とは，仕切り壁が自由にその位置を変えることができる壁である．もし，仕切り壁の両側にある流体に圧力差があるなら，圧力の高い方の流体が仕切り壁を押して，圧力が等しくなるところで平衡状態になる．なお，「壁」という言葉に，「可動」も「不動」もつかない場合，不動壁を意味するものとする．

次に，壁は断熱壁か透熱壁である．断熱壁とは，断熱材という特殊な材質でできていて，その壁の両側にある流体に温度差があっても，それぞれの流体の温度が変化することなく[5]，平衡状態になりうるような壁である．透熱壁とは，断熱壁でない壁であり，異なる温度の流体がその壁で接触すると，それぞれの流体の温度が変化する．なお，「壁」という言葉に，「断熱」も「透熱」もつかない場合，透熱壁を意味するものとする．

異なる温度の 2 つの流体が透熱壁で接触したとき，それぞれの流体の温度は変化し，温度が等しくなったとき変化がなくなる（cf. 図 2.5）．これは，温度のもっとも基本的な性質なので，前提としてまとめておこう．

前提 2.1 (温度の基本的性質) 断熱壁で囲まれた箱が，断熱不動壁で左右に仕切られている．それぞれの部分に異なる温度の流体が入っていて，平衡状態になっているとする．断熱不動壁のすぐ横に，透熱仕切り壁を入れ，断熱仕切り壁をぬくと，それぞれの流体の温度は変化し，別の平衡状態に変化する．この平衡状態では，2 つの流体の温度は等しく，その温度はそれぞれの流体の最初の温度の間のある値になっている．

---

[5]現実には，完全な断熱材はないので，ある精度の範囲内で変化しなければ，断熱壁とみなしてよい．

2.1.3 環境

放置された流体が，十分に長い時間の後，平衡状態になるかどうかは，流体のおかれている条件に依存する．たとえば，部屋の中で，特別な細工をせずに実験をする場合を考えてみよう．このとき，たまたま，電燈の光が流体の片方だけにあたって，流体を暖めていたなら，平衡状態は実現しない．熱力学的には，部屋の空気が1つの熱源として流体に接触し，電燈の光を通してより高温の熱源が流体の片方に接触したままになっているのである．

このように，流体のおかれている条件のことを**環境**とよぶ．この小節では，本書が問題にする環境として，等温環境と断熱環境の2つ[6]を説明したい．つまり，操作される流体がどういう条件を満たしているのか，というのを明示的に与えておく．ただし，流体のおかれている条件は，自然に満たされる場合もあるし，許された操作を通じて，強制的に流体にその条件を課すこともできる．

等温環境

室内で行う実験では，温度が一定に保たれていることを前提にしている．いいかえれば，温度が一定に保たれた恒温槽の中に流体がおかれている，という条件を満たしていると仮定している．この条件を**等温環境**とよぶ．

条件を厳しく実験するなら，精度の保証された恒温槽を用意すればよいが，特に装置を用意しなくても，流体を観測する時間内で，温度が一定に保たれていれば，等温環境にあると考えてもよい．

熱力学的には，恒温槽では，流体は熱源と接触していると考えればよい．熱力学を議論するとき，熱源の温度が一定に保たれる仕掛けを詳細に知る必要はない．しかし，具体的なイメージがはっきりするように，熱源の典型例を紹介しておこう．

(1) 熱源に精緻な温度計をとりつけて，その温度変化を測定しながら，熱源の温度を機械的に制御してもよい（cf. 図2.6）．

(2) 十分大きな容器を用意して，その容器の中にある温度の水を入れてお

---

[6] 熱力学としては，等圧環境なども重要である．あるいは，非平衡の問題に踏み込むなら，非平衡定常状態が実現する環境などを考えることもできる．

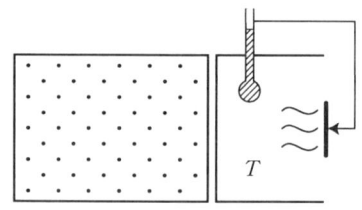

図 2.6 等温環境の例．機械的に制御された熱源と接触する．

き，水が容器の外側と熱交換しないように，断熱壁で囲んでおく．考える流体の箱をその容器の中に入れて操作をする．操作によって箱の中の流体の温度が変化しようとするが，水の入った容器が十分に大きければ，その温度変化は微少な範囲にとどめることができる．したがって，その流体は等温環境にあると考えてよい（cf. 図 2.7）．

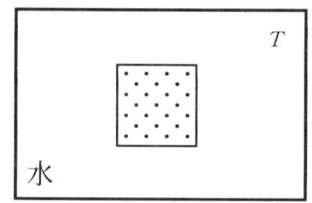

図 2.7 等温環境の例．流体の入った箱が十分大きな容器の中の水に囲まれている．

(3) 部屋の中の机の上に流体をおいて実験するとき，実験している時間内で部屋の温度が変化しないなら，空気が熱源を実現している，と考えることができる．これは，空気が (2) における水の役割を果たしているからである．

(2), (3) のように，大きな容器の中の水とか流体をとりまく空気が熱源を実現しているとき，これらは**熱浴**あるいは**熱溜**ともよばれる．

熱力学にとって等温環境が重要な理由は，次の事実にある．

前提 2.2 (等温環境における平衡状態)　等温環境においては，操作を終えた後，十分に時間が経過すれば，平衡状態が実現し，そのときの温度は環境の温度に等しい．

断熱環境

　流体が断熱壁に囲まれているとき，その流体は**断熱環境**にあるとする（cf. 図 2.8）．断熱壁とは，流体の温度が流体の外側に影響されない壁だった（cf. 2.1.2 節）．したがって，精度の保証された断熱壁で囲まなくても，流体の外側に影響を受ける時間に比べて十分短い時間の範囲で流体を観測するなら，その流体は断熱環境にあると考えてもよい．たとえば，「空気が上昇すると断熱膨張で温度がさがる」という表現は，気象の解説でなじみがあるかもしれない．このとき，空気の塊が断熱壁に囲まれているわけではない．空気塊の温度がまわりの空気に影響を受けない時間範囲の現象を問題にしている[7]のである（cf. 問題 3.6）．

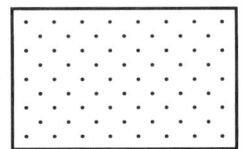

図 **2.8**　断熱環境の例．流体の外側を断熱壁で囲む．

　熱力学にとって断熱環境が重要な理由は，次の事実にある．

前提 2.3 (**断熱環境における平衡状態**)　断熱環境においては，操作を終えた後，十分に時間が経過すれば，平衡状態が実現する．

2.2　物質の熱力学的性質

2.2.1　状態方程式

　圧力は力学的な量なので，流体が平衡状態にあろうとなかろうと，圧力の値を測定することができる．ところで，流体の平衡状態における流体の圧力の値は，物質の種類と閉じ込める量を決めれば，その平衡状態がどういう経過で実現したかに関係なく，(T, V) の値に応じて一意に決まることが知られている．本書では，平衡状態での圧力を P と書き，平衡でないときの圧力を

---

[7]同時に，断熱膨張後の空気塊が平衡状態にあると仮定している．

問題にしない．圧力 P は (T, V) に対して一意に決まるので，その関係を

$$P = P(T, V; \mathrm{A}, N) \tag{2.1}$$

と書く．これは，物質 A を物質量 N だけ箱に閉じ込めるときの**状態方程式**とよばれる．

このような書き方は，変数と関数を同一視した表現になっているので，すこし混乱するかもしれない．平衡状態での圧力 P の値が，温度 T と体積 V の値で決まる，と読めばよい．この決まり方が物質の種類と物質量に依存しているので，その依存性を明示的に「;」で区切って書いた．以下の議論では，(2.1) 式が測定によりわかっている，と仮定する．

前提 2.4 (状態方程式) 任意の物質 A，任意の物質量 N に対して，状態方程式 (2.1) が決定されている．

流体に仕切り板を挿入しても，何も変化は生じない（cf. 図 2.9）．つまり，流体の密度を保って拡大縮小しても，平衡状態の圧力と温度は変化しない．このような性質は，**示強性**とよばれ，「圧力と温度は示強性をもつ」と表現される．圧力と温度の示強性から，(2.1) 式は

$$P = P(T, \frac{V}{N}; \mathrm{A}, 1) \tag{2.2}$$

と書ける．丁寧に証明を書いておくが，直観でわかるなら，読む必要はない．

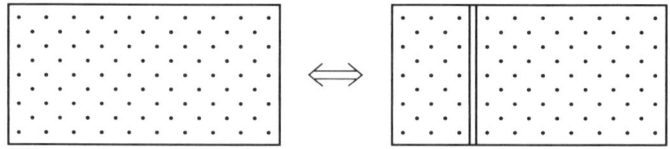

図 **2.9** 圧力と温度の示強性．流体の箱に仕切り板を入れても，圧力と温度は変化しない．

(証明)

流体の密度を一定に保って，体積を λ 倍した流体の物質量は λN である．P, T の示強性より，

$$P(T, V; \mathrm{A}, N) = P(T, \lambda V; \mathrm{A}, \lambda N) \tag{2.3}$$

が成り立つ．λ は任意だから，$1/N$ とおくと

$$P(T, V; \mathrm{A}, N) = P(T, \frac{V}{N}; \mathrm{A}, 1) \tag{2.4}$$

を得る． (証明終り)

考えている物質の種類と物質量を明示的に指定する必要がないとき，あるいは，それらが明らかにわかっている場合，$P = P(T, V)$ と記すことも多い．このような省略形で書いても，関数形が物質の種類や物質量に依存することを意識したい．

例：理想気体

「気体の種類に依存せずに，気体の圧力と体積の積は，物質量に比例し，温度だけで決まる」という実験結果が知られている．これは，ボイル=シャルルの法則とよばれる．厳密には，ある程度以上の温度で，気体が希薄になっていくにつれて，この法則が漸近的に成立する．

ボイル=シャルルの法則から，逆に，温度を定義することができる．たとえば，温度を，気体の希薄極限で PV/N が漸近する値に比例し，その目盛間隔が摂氏温度の目盛間隔と一致するものとして定義する．このようにして決められた温度 T は，摂氏温度に 273.15 度を加えたものと等しくなり，**理想気体温度**とよばれる．式で表現すれば，気体の希薄極限で，

$$PV = NRT \tag{2.5}$$

が満たされるように，温度 T を決めたことになる．R は気体定数とよばれ，エネルギーを [J]，物質量を [モル] で測れば，$R = 8.3$ [J/(度・モル)] である．

高校物理では，理想気体温度を絶対温度として学習したかもしれない．し

かし，概念的には，理想気体温度と絶対温度は別物である．4章以降で明らかになるように，絶対温度は熱力学にとって重要な役割を果たし，絶対温度がなければ理解できない非自明な関係式を得る．ただし，理想気体温度を絶対温度と同一視してよいこともわかるので，その区別を現実的な問題で考える必要はない．

(2.5) 式は状態方程式の例を与える．現実の気体との関連では，気体の希薄極限でのみ妥当な状態方程式である．しかし，(2.5) 式がすべての平衡状態で成り立つような仮想的な物質の存在を認めると，熱力学の体系を理解する上で役に立つ．この仮想的な物質は**理想気体**とよばれる．それゆえ，(2.5) 式は理想気体の状態方程式とよばれる．

2.2.2 熱容量

熱源を流体に接触させる場合，流体は仕事をされないが，温度変化が生じる．あるいは，異なる温度の流体が断熱壁で仕切られて平衡状態にあるとき，断熱壁のすぐ横に透熱壁を入れて，断熱壁をぬくと，流体の温度が変化する．これらの場合，ある量の熱が流体に移動した[8]と考える．熱を定量化したい．定量化された熱の量を熱量とよぶこともあるが，本書では，熱量も熱とよぶ．

まず，物質量 N_*（たとえば 1 モル）の基準物質 A_*（たとえば，水）に対して，ある体積 V_* と温度 T_* の平衡状態から，体積を一定にしたまま温度を微小変化 ΔT させるときに必要な熱を $C_* \Delta T$ だと決める．C_* の値は任意でよいし，熱の単位をどう決めてもよい．ただし，C_* は正の値とする．

物質量 N の任意の物質 A に対して，任意の体積 V と任意の温度 T にある状態から，体積を一定にしたまま温度を微小変化 ΔT させるときに必要な熱を $C(T, V; A, N) \Delta T$ と記そう．上で決めた基準値 C_* を使って，$C(T, V; A, N)$ の値を実験で決めたい．

図 2.10 のように，温度 T，体積 V，物質量 N の物質 A と温度 T_*，体積 V_*，物質量 N_* の物質 A_* が，断熱仕切り板で区切られた箱の中で平衡状態にあるとしよう．箱全体も断熱壁で囲まれているとする．断熱仕切り板の横に透

---

[8]後者の例では，1つの流体が他方の流体から熱をもらったことになる．このことから，操作1を熱的操作と考えてはいけない．行った操作は，壁の出し入れだけなので，力学的操作である．

2.2 物質の熱力学的性質　19

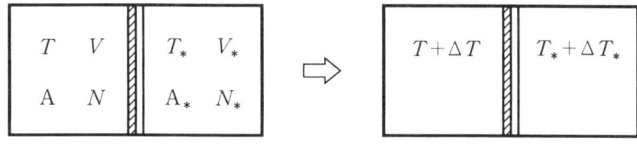

図 2.10 熱の定量化の実験. 基準物質とすこしだけ熱接触する. 温度変化の違いから熱を定量化できる.

熱仕切り板を差し込んで，断熱仕切り板をぬく．左右の箱に温度差があるので，熱が流れはじめる．すこし時間が経過した後で，断熱仕切り板をふたたび入れ，平衡状態に達するまで待つ．この実験で観測される A, A$_*$ の温度変化を $\Delta T, \Delta T_*$ とする．断熱仕切り壁をはずす時間間隔をすこしずつ変えて，ΔT と ΔT_* の関係をグラフにすると，原点の近くでは比例関係

$$\Delta T = -a \Delta T_* \tag{2.6}$$

になっている．ここで，比例係数 a は，2 つの物質の種類と状態に依存する．この実験で，片方の流体から他方の流体へ熱が流れたと考えると，ΔT と ΔT_* が微小なら，

$$C_* \Delta T_* + C(T, V; \mathrm{A}, N) \Delta T = 0 \tag{2.7}$$

が成り立つはずである．これより，

$$\Delta T = -\frac{C_*}{C(T, V; \mathrm{A}, N)} \Delta T_* \tag{2.8}$$

となるので，

$$C(T, V; \mathrm{A}, N) = \frac{C_*}{a} \tag{2.9}$$

のように，$C(T, V; \mathrm{A}, N)$ が実験で得られる a と基準値 C_* で書けたことになる．

ひとたび，任意の (T, V) に対して $C(T, V; \mathrm{A}, N)$ が確定すれば，物質量 N，物質 A の流体が，その体積を一定に保ったまま，温度を T_1 から T_2 に変化したとき，流体がもらった熱 Q は，

$$Q = \int_{T_1}^{T_2} dT\, C(T, V; \mathrm{A}, N) \tag{2.10}$$

と定量化されることになる．

物質量 N の物質 A の流体が，温度 T，体積 V の平衡状態にあるとき，$C(T,V;A,N)$ の値は一意に決まることが知られている．したがって，C は物質の熱力学的性質を特徴づける量であり，**熱容量**という名前がつけられている．特に，以上の説明からわかるように，体積を一定にしたまま熱を定量化したので，**定積熱容量**ともよばれる．他に，圧力を一定にしたまま熱を定量化した**定圧熱容量**という量もある．定積と定圧を区別したいときには，C_V や C_P などの記号を用いる．本書では，熱容量とは定積熱容量を指し，記号 C を用いる．

状態方程式と同じように，熱容量の物質および状態依存性を

$$C = C(T,V;A,N) \tag{2.11}$$

と記す．以下の議論では，(2.11) 式が測定によりわかっている，と仮定する．

前提 2.5 (熱容量)　任意の物質 A，任意の物質量 N に対して，熱容量 (2.11) 式が決定されている．

考えている流体に対して，その密度を一定にしたまま体積を α 倍した流体の熱容量を測定すると，もとの流体の α 倍であることがわかる．この性質は，熱容量の**示量性**とよばれる．

考えている物質の種類を明示的に特定する必要がないとき，あるいは，物質の種類と物質量がわかっている場合，単に，$C = C(T,V)$ と記す．このような省略形で書いても，右辺の関数形は物質の種類と物質量に依存することを意識したい．

前小節で説明した状態方程式と熱容量の式が物質の熱力学的性質を完全に特徴づける[9]ことは，これからの議論で徐々に明らかになってくる．

---

[9]ただし，状態方程式と熱容量の式は独立ではない．C の V 依存性は，状態方程式から決まる(問題 3.2 参照)．

2.2 物質の熱力学的性質　21

例：理想気体の熱容量

ある程度以上の温度で，密度が希薄な極限での気体の熱容量は

$$C(T,V) = cNR \tag{2.12}$$

となる．ただし，熱容量の基準 C_* は，次章の議論（cf. 前提 3.2）を先どりして，熱の単位がエネルギーと一致するように選んだ．また，c は定数であり，単原子分子なら 3/2，2 原子分子なら 5/2 の値をとる．（この区切りのいい数字があらわれるのには理由がある．統計力学の本を参照．）(2.12) 式は理想気体の熱容量とよばれ，理想気体の状態方程式とともに，理想気体という仮想的な物質の熱力学的性質を特徴づける．

熱容量の正値性

熱容量は，基準の熱容量 C_* の符号と同じ正の値をとる．ここでは，「異なる温度の流体が透熱壁で接触するとき，0 でない熱が移動する」という，熱の存在仮定というべき前提と，前提 2.1（温度の基本的性質）から，この性質を示そう[10]．

定理 2.1 (熱容量の正値性)　物質の種類と物質量によらず，任意の温度，体積で熱容量 $C(T,V)$ は正の値をとる．

(証明)

物質の種類，物質量，体積を固定して，熱容量 C を温度 T の関数としてみる．C が T の定符号関数でないなら，

$$\int_{T_1}^{T_2} dT\, C(T) = 0 \tag{2.13}$$

となる $T_1, T_2, (T_1 < T_2)$, がとれる．温度が T_1, T_2 の流体を同じ物質量だけ同じ体積の箱に閉じ込めて，透熱壁で接触させる．このとき，それぞれの流

---

[10] やや技巧的な証明なので，最初に読むときは，定理 2.1 を「前提」とみなして，先に進んでもよい．

体の温度は変化し，前提 2.1（温度の基本的性質）により，$T_1 < T_* < T_2$ となる T_* で平衡状態になる．(2.13) 式より，

$$\int_{T_1}^{T_*} dT C(T) - \int_{T_2}^{T_*} dT C(T) = 0 \tag{2.14}$$

を得る．一方，それぞれの流体の体積が変化しないので，(2.10) 式より，$\int_{T_1}^{T_*} dT C(T)$ は最初の温度が T_1 だった流体がもらった熱であり，$\int_{T_2}^{T_*} dT C(T)$ は最初の温度が T_2 だった流体がもらった熱である．1 つの流体から他方の流体へと熱が流れたと考えられるので，それらは同じ大きさで符号が反対である．したがって，

$$\int_{T_1}^{T_*} dT C(T) = -\int_{T_2}^{T_*} dT C(T) \tag{2.15}$$

が成立する．(2.14), (2.15) 式より，

$$\int_{T_1}^{T_*} dT C(T) = \int_{T_2}^{T_*} dT C(T) = 0 \tag{2.16}$$

となる．これは，異なる温度の流体が透熱壁で接触するとき，0 でない熱が移動する，という前提に矛盾する．よって，C は T の定符号関数である．

物質量 N_* の基準物質 A_* が温度 T_*，基準体積 V_* で正の基準値 C_* をもつことが仮定されていた．C は T の定符号関数なので，任意の温度 T に対して，$C(T, V_*; A_*, N_*) > 0$ がわかる．

断熱箱が体積 V_* と V に断熱壁と透熱壁で仕切られていて，体積 V_* の部分に物質量 N_* の物質 A_* が温度 $T + \Delta T$ で，体積 V の部分には物質量 N の物質 A が温度 T で，それぞれ封入されて平衡状態にあるとしよう．$\Delta T > 0$ とする．断熱仕切り板をぬくと，それぞれの温度が $\delta T_*, \delta T$ 変化して，等しい温度になり，新しい平衡状態になる．前提 2.1（温度の基本的性質）より，物質 A_* の温度はさがり，物質 A の温度はあがるので，$\delta T_* < 0, \delta T > 0$ である．また，ΔT を十分小さく選ぶと，

$$C(T + \Delta T, V_*; A_*, N_*)\delta T_* + C(T, V; A, N)\delta T = 0 \tag{2.17}$$

が成り立つ．したがって，$C(T,V;A,N)>0$ になる．

(証明終り)

(注釈)

(1) 前提 2.1 (温度の基本的性質) から，高温の流体と低温の流体が接触したとき，高温の流体の温度がさがり，低温の流体の温度があがる．したがって，熱容量の正値性は，高温の流体から低温の流体に正の熱が移動する，ことを意味する．

(2) ただし，温度の高低に関する向きはまだ選択されていないので，たとえば，温度 T として，理想気体温度の符号を逆転したものを選んでもよい．その場合，T は温度の基本的性質を満たし，かつ，熱容量は正のままである．注釈 (1) の高温とは，あくまで，温度 T の高温なので，理想気体温度でみると低温になる．すると，(理想気体温度で計った) 低温の流体から (理想気体温度で計った) 高温の流体に正の熱が移動する，ということにもなる．

(3) また，$C_* < 0$ に選ぶと，$C(T,V;A,N)<0$ になるので，C_* の符号を反転することによっても，熱の移動の向きを反対にもできる．

(4) 温度の高低に関する向きの選択，C_* の符号の選択は，熱と温度変化の関係だけでは何も決定できない．次章で，熱と仕事を共通の視点から論じることにより，温度の高低に関する向きと C_* の符号を再考する．

2.3 熱と仕事

2.3.1 仕事

操作 2 で壁を動かしたり，操作 3 で流体をかき混ぜるとき，流体は仕事をされる[11]．このとき，**流体のされる仕事は測定できる**，と仮定する．具体的にどのように測定するのか，という問題は装置に個別なことである．原理的には，仕事は力学量なので，関与するすべての部分に働く力がわかればよい．ただし，操作 1 で，**仕切り壁を出したり入れたりするときの仕事は無視する**．薄い壁を出し入れすれば，仕事が無視できる状況が想定できるからである．

---

[11] 理想気体をかき混ぜる仕事も 0 ではない．

以下では，流体に仕事をする主体であるピストンや羽車などを，一般化して，**力学装置**[12]とよぶ．力学装置が流体に仕事をするだけでなく，流体が力学装置に仕事をすることもある．ただし，力学装置が流体にする仕事と流体が力学装置にする仕事は符号が反対で大きさは等しいので，負の仕事まで考慮にいれるなら，力学装置が流体にする仕事だけを考えてよい．

これから先の議論では，仕切り壁で隔たれた2つの流体に対して，1つの流体が他方の流体にする仕事を議論の対象にしない．仕事とは，流体の外にある力学装置がする仕事のことを意味する．

2.3.2 熱源が与える熱

これから先の議論では，仕切り壁で隔たれた2つの流体に対して，1つの流体から他方の流体に移動する熱を議論の対象[13]にしない．2.2.2節で，体積変化がない場合に，1つの流体から他方の流体に移動する熱を考えて，熱容量を決めた．しかし，体積変化をともなう場合には，流体間で移動する熱の定義を与えることは，一般的にはできない[14]し，また，熱力学を議論する上でその定義は必要でない．前提2.5以降は，熱源が流体に与える熱だけを問題にする．

流体の体積が変化しない場合，(2.10)式によって，熱源が流体に与える熱は定量化されている．そこで，体積変化がある場合も含めて，熱源が流体に与える熱を考えたい．

たとえば，十分大きな容器の中の水が熱源（熱浴）になっている場合には，水の熱容量とその微小な温度変化によって，熱源から移動する熱を定量的に知ることができる．この場合，水の温度がわずかに変化しているので，厳密な意味では，一定温度の熱源になっていない．しかし，水の量を大きくして

---

[12] 文献によっては，「仕事源」とよばれる．

[13] たとえば，ピストンを動かすときの「摩擦熱」という熱は問題にしない．「摩擦熱」とは，摩擦の結果，ピストンと壁との接触部分の温度が上昇し，接触部分から，その他の部分に熱が移動する，という意味の熱である．接触部分とそうでない部分に仮想的な仕切り壁を入れると，1つの流体から他方の流体に移動する熱とみなすことができるからである．

[14] 仕切り壁で隔たれた2つの流体に対して，1つの流体が他方の流体にする仕事が測定できると考えるなら，熱を定義することは可能である．しかし，筆者は，釈然としていない．

いく極限で，温度変化はいくらでも小さくできる．そのとき，熱容量は非常に大きくなるが，水から移動する熱は，熱容量と温度差の積なので有限にとどまりうる．したがって，熱源と流体の間でやりとりされる熱が熱源側の情報によって決まる．

熱源の温度を機械的に制御する場合には，あらかじめ，機械制御に伴う熱を計測し標準化しておけばよい．たとえば，熱源の燃料消費量と流体に与える熱との関係を体積変化がない場合に対して求めておけばよい．この場合も，熱源側の情報によって，熱源と流体の間でやりとりされる熱が定量化される．

実際問題としては，熱源が与える熱をどのようにして測定するのか，という点は大事なことである．しかし，本書では，そこに踏み込まず，**熱源から流体に移動する熱は測定可能**であること前提にして，議論をすすめていく．

また，流体から熱源に熱が移動する場合もあるが，熱源から流体に移動する熱と流体から熱源に移動する熱は符号が反対で大きさは等しいので，負の熱の移動まで考慮にいれるなら，熱源から流体に移動する熱だけを考えてよい．

2.4　形式的設定

以上で，平衡状態，操作，環境などの熱力学における基本的な言葉，および，物質の熱力学的性質を特徴づける状態方程式と熱容量の説明を終えた．これから議論をすすめていく上で，抽象的な記号を導入するのが便利である．慣れないうちは，記号化されるとイメージから離れるかもしれないが，記号が出てくるたびに，内容を想起するように読めばよい．

2.4.1　状態と状態変数

流体の平衡状態は，$(T, V; A, N)$ で指定することができる．この状態を**単純状態**とよぶ．より一般に，流体が壁で区切られた M 個の箱にあるときの平衡状態を

$$\{(T_1, V_1; A_1, N_1), \cdots, (T_M, V_M; A_M, N_M)\}$$

と記す．断熱仕切り壁で区切られている場合もあるので，各温度は異なってもよい．このような状態を**複合状態**とよぶ．特に，複合状態で温度がすべて

等しい場合，**単温度状態**とよび，その状態を

$$(T, \{V_1; A_1, N_1\}, \cdots, \{V_M; A_M, N_M\})$$

と記す．また，以下では，「状態」とは平衡状態のことを意味する[15]．

　平衡状態[16]に対して，その値が一意に決まる物理量を**状態量**とよぶ．様々な平衡状態に対して異なった値をとりうる，という意味で，状態量は**状態変数**ともよばれる．T, V は状態変数であるし，(T, V) の関数の値として与えられる変数も状態変数である．また，(T, V) の関数は**状態関数**とよばれる．圧力や熱容量は，状態変数であるし，(T, V) の関数とみたとき，状態関数でもある．

2.4.2　示量変数と示強変数

　温度や圧力は示強性をもち (cf. 2.2.1 節)，熱容量は示量性をもつ (cf. 2.2.2 節)．さらに，壁で仕切られた流体の熱容量は，それぞれの部分の流体の熱容量の和に等しいこともわかる．この性質は，熱容量の**相加性**とよばれる．

　熱力学において，相加性，示量性，示強性は大切な性質である．実際，状態変数は，相加性と示量性を満たすか，示強性を満たすか，のいずれかである．次章以降で，流体において定義される状態変数だけでなく，流体以外の熱力学の対象に対して一般的に成立すると考えてよい．そこで，相加性と示量性を満たす[17]状態変数を**示量変数**，示強性を満たす状態変数を**示強変数**とよぶ．圧力は示強変数であり，熱容量は示量変数である．

　流体に対する示量変数や示強変数を次のように定義しておく．

---

[15]ただし，「平衡状態」という言葉も使う．同じ意味をもつ 2 つの表現があることに混乱を感じるなら，どちらかに統一してもよい．筆者の場合，厳密ではないが，数学的な側面を議論するときには「状態」を使い，物理的な側面を議論するときには「平衡状態」を使う．

[16]本書では，力学装置や熱源の状態については考えない．力学装置や熱源に対して，適当なモデルを考えることにより，それらを熱力学の対象にすることも可能である．たとえば，熱力学の対象としての熱源に関するすっきりした考察については，[5] を参照．便宜的な扱いについては，[3] を参照．

[17]流体の場合には，数学的に微妙な問題を除いて，相加性を満たすなら示量性を満たす，と考えてよい．（ただし，示量性から相加性はいえない．）しかし，流体以外の一般の場合には，同一の状態からなる複合状態が単純状態で書けるかどうか，という問題もあり，相加性と示量性は別々の性質だと理解しておいた方が無難である．

2.4 形式的設定　27

定義 2.1 (示量変数)　状態変数 X が次の2つの条件を満たすとき，X は示量変数である．

- 相加性
  任意の複合状態に対する X の値は，複合状態を構成するそれぞれの状態に対する X の和で与えられる．式で表現すると，
  $$X(\{(T_1, V_1; A_1, N_1), (T_2, V_2; A_2, N_2)\}) \\ = X((T_1, V_1; A_1, N_1)) + X((T_2, V_2; A_2, N_2)) \qquad (2.18)$$
  となる．
- 示量性
  密度を一定に保って λ 倍した状態に対する X の値は，もとの状態に対する X の値の λ 倍になる．式では，
  $$X(T, \lambda V; A, \lambda N) = \lambda X(T, V; A, N) \qquad (2.19)$$
  と書ける．

定義 2.2 (示強変数)　状態変数 Y が次の条件を満たすとき，Y は示強変数である．

- 示強性
  密度を一定に保って λ 倍した状態に対する Y の値は，もとの状態に対する Y の値と等しい．式では，
  $$Y(T, \lambda V; A, \lambda N) = Y(T, V; A, N) \qquad (2.20)$$
  と書ける．

これらの定義からわかるように，示量性と示強性が対応する．示量変数は，相加性を満たす分だけ，より重要な役割を果たすことになる．

2.4.3 過程

2.1 節で，流体に対して 4 つの操作を考えた．最初平衡状態にある流体が，なんらかの操作によって，別の平衡状態に変化したとする．この平衡状態の変化を**過程**とよび，

$$(T_0, V_0) \to (T_1, V_1)$$

などと記す．これは，一般的な過程に対する記号である．→ の左の状態を**始状態**，右の状態を**終状態**とよぶ．過程の途中では，一般には，平衡状態にあるわけではない．

特に，力学的操作（操作 1 から操作 3）だけを使って実現される過程は，4 章以降の議論で重要な役割を果たす．そこで，流体が温度 T の等温環境にあって，力学的操作だけで実現される過程を**等温過程**[18]とよび，特別な記号で

$$(T, V_0) \xrightarrow{\text{i}} (T, V_1)$$

などと記す．等温過程においては，始状態と終状態の温度は等温環境の温度に等しい[19]．別の言い方をすれば，等温過程とは，等温環境を実現する熱源以外と熱のやりとりをしない過程のことである．

また，流体が断熱環境にあって，力学的操作だけで実現される過程を**断熱過程**[20]とよび，特別な記号で

$$(T_0, V_0) \xrightarrow{\text{a}} (T_1, V_1)$$

などと記す．別の言い方をすれば，断熱過程とは，外と熱のやりとりをしない過程のことである．

流体が温度 T の等温環境にあるとしよう．流体の入っている箱の壁のすぐ外側を断熱壁で囲むと，流体は断熱環境にあるとみなせる．この時点で，流

---

[18]文献によっては，次節で出てくる等温準静的過程を等温過程とよぶこともある．その流儀にしたがうなら，定理 4.1（最小仕事の原理）を表現するために，本書の等温過程に別の名前をつけなければいけない．

[19]過程の間ずっと温度が等しいわけではない．

[20]文献によっては，次節で出てくる断熱準静的過程を断熱過程とよぶこともある．そのよび方にしたがうなら，定理 5.6（エントロピー増大則）を表現するために，本書の断熱過程に別の名前をつけなくてはならない．

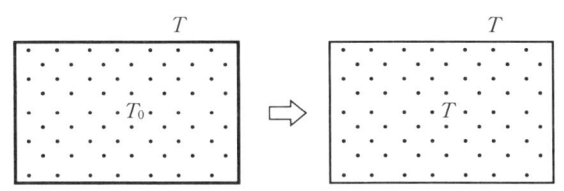

図 2.11 流体を囲む断熱壁を除去し，温度 T の等温環境下におくことによって実現される過程．

体の状態は変化しないが，その後の操作によって，流体の温度を T と異なる T_0 にすることができる．ここで，図 2.11 のように，外側の断熱壁を除くと，流体は，ふたたび，温度 T の等温環境におかれることになり，平衡状態の流体の温度は環境の温度と等しくなる．このように，断熱壁を除くことによって，断熱環境の平衡状態から等温環境の平衡状態へ遷移する過程[21]を，特別の記号で

$$(T_0, V) \stackrel{\text{ex}}{\to} (T, V)$$

と記す．

2.4.4 仕事と熱

過程 $(T_0, V_0) \to (T_1, V_1)$ において，力学装置が流体にする仕事と熱源が流体に与える熱を，それぞれ，

$$W[(T_0, V_0) \to (T_1, V_1)], \quad Q[(T_0, V_0) \to (T_1, V_1)]$$

などと書く．ここで，**熱と仕事は，状態の関数でなく，過程の関数として与えられる**，ことが重要である．

特に，等温過程での仕事や熱は，始状態と終状態の温度が等しいので，記号上，温度を特別扱いして，

$$Q[T, V_0 \stackrel{\text{i}}{\to} V_1]$$

---

[21]この過程は，定理 5.2（不可逆過程の存在）と定理 5.5（エントロピーと温度）の証明で利用される．

などと書くことにする．力学装置や熱源などが複数ある場合，$W_1, W_2, \cdots$，あるいは，$Q_1, Q_2, \cdots$ のように区別する場合もあるし，流体がされる全部の仕事，流体が外からもらう全部の熱として，まとめる場合もある．文脈に応じて使い分ける．

2.5 準静的過程

平衡状態が持続するような過程のことを準静的過程とよび，

$$(T_0, V_0) \xrightarrow{\text{qs}} (T_1, V_1) \tag{2.21}$$

などと記す．準静的過程のおかげで，異なる2つの状態の関係を平衡状態の性質にもとづいて議論することが可能になる．それゆえ，以下の章で非常に重要な役割を果たす．

しかし，「平衡状態が持続するような過程」とは，その言葉からして，不気味なもの[22]である．そこで，2.1節の許された4つの操作にもとづいて，準静的過程がどういうものか議論しよう．

まず，操作1を考える．操作1の仕切り壁の挿入では，平衡状態は変化しない．したがって，**仕切り壁の挿入によって実現する過程は，準静的過程である**．それに対して，操作1の仕切り壁の除去では，一般には，平衡状態が変化する．ただし，断熱仕切り壁の両側の温度が等しいときに，透熱仕切り壁をすぐ横に挿入して，断熱仕切り壁を除去する場合のように，平衡状態が変化しない場合もある．したがって，**仕切り壁の除去によって，平衡状態が変化しないならば，その過程は準静的過程である**．操作1の準静的過程は，それ自体では，状態変化がないが，壁を挿入した後，片側部分だけの体積を変化させることができるようになるなど，新しい操作が可能になるので意味をもつ．

次に，操作1以外の操作によって，平衡状態が持続するような操作を考える．直感的には，非常にゆっくり操作することによって実現される過程を準

---

[22] 平衡状態とは変化のない状態であり，過程とは平衡状態間の変化を指していた．

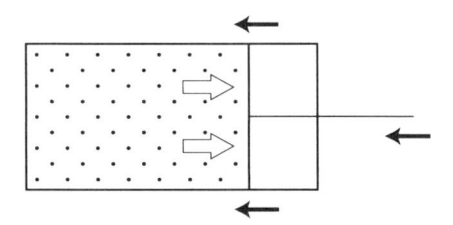

図 2.12 準静的過程の概念図．流体の圧力とつりあいを保ちながら，ピストンをゆっくりと押し込んでいく．

静的過程と想定している（cf. 図 2.12）．

具体的に，平衡状態を持続したまま微小な状態変化 $(T, V) \to (T + \Delta T, V + \Delta V)$ したときに，流体が力学装置にする仕事を考えよう．これは，流体の圧力に体積変化を乗じたものに等しいはずである．流体の圧力は体積とともに変化するが，ΔV が十分小さいなら，圧力の変化は $\Delta V/V$ の程度であり，圧力の変化にともなう仕事の寄与は，ΔV に比べて無視できる程度だと考えられる．したがって，流体のする仕事は，平衡状態の圧力を使って，

$$P(T, V)\Delta V + o(\Delta V) \tag{2.22}$$

と書ける．ここで，$o(\Delta V)$ とは，ΔV を 0 に近づけるとき，ΔV に比べて無視できる大きさの寄与がある，ということを意味する記号である．一方，力学装置のする仕事は，流体がする仕事と符号が反対で大きさが等しいので，平衡状態を持続したまま，力学装置が流体の微小な体積変化でする仕事は，

$$W[(T, V) \to (T + \Delta T, V + \Delta V)] = -P(T, V)\Delta V + o(\Delta V) \tag{2.23}$$

となるはずである．この考察にもとづいて，操作 2, 3, 4 によって実現する準静的過程を次のように定義する．

定義 2.3 (準静的過程(単純状態間変化)) 準静的過程 $(T_0, V_0) \xrightarrow{\text{qs}} (T_1, V_1)$ とは，(2.23) 式が成り立つ微小な過程の合成として実現できる過程である．

32　第 2 章　設定

(注釈)

(1) ピストンと壁との摩擦が無視できないような装置だと，現実的な範囲では，どんなにゆっくり動かしても，(2.23) 式が成り立たないかもしれない．そういう場合には，準静的過程が実現されない，とする．

(2) ピストンを限りなくゆっくり動かしていても，熱的操作で平衡状態が乱されるなら，(2.23) 式が成り立たなくなる．そういう場合にも，準静的過程が実現されない．

(3) 操作 3 で流体をかき混ぜるときは，どうゆっくり操作した情況を想定しても，(2.23) 式の形のように，微小な仕事を状態量で書くことができないように思われる．したがって，操作 3 では，準静的過程を実現できない．

(4) 体積変化せずに熱的操作（操作 4）だけで状態変化を考える場合，どのような操作でも仕事は 0 であるが，「微小な過程の合成として実現できる過程」という文節に準静的性が表現されている．　　　　　　　　　　（注釈終り）

定義 2.3 で与えられた準静的過程 $(T_0, V_0) \xrightarrow{\text{qs}} (T_1, V_1)$ と操作 1 による平衡状態を乱さない仕切り壁の出し入れの組合せとして得られる過程が，複合状態を含めた一般的な準静的過程になる．

ところで，平衡状態が持続する過程が実現しているなら，逆操作で同じ平衡状態を逆にたどってもとに戻るはずである．また，そのとき，(2.23) 式より，逆過程でされる仕事はもとの仕事と符号が反対で大きさが等しいはずである．この性質を，**準静的過程の可逆性**[23] とよぶ．定義から証明できるほど，定義 2.3 は形式化されていないが，準静的過程の可逆性が成り立つことは，ほぼ明らかである．ここでは，これを「定理」[24] とする．

---

[23] 文献によっては，準静的過程の可逆性より，準静的過程を可逆過程とよぶこともある．そこでは，状態がもとに戻る，という意味の「可逆」ではなく，力学装置に仕事として渡すエネルギーがもとに戻るという意味で「可逆」が使われている．両者は部分的に関係しているが，概念的には別物である．本書では，準静的過程を可逆過程とよばずに，「可逆過程」とは定義 5.1 の意味においてのみ使い，準静的過程の可逆性が問題になる場合には，「準静的過程の可逆性」と明示する．また，文献を読むときには，それぞれの著者の立場を推測して読む必要がある．

[24] 不満なら，「前提」とみなしてもよい．

定理 2.2 (準静的過程の可逆性) 準静的過程に対して，その過程を逆にたどる過程を実現できて，逆過程でされる仕事は，もとの仕事と符号が反対で大きさが等しい．

準静的過程で流体がされる仕事ともらう熱を**準静的仕事**，**準静的熱**とよび，

$$W[(T_0, V_0) \xrightarrow{\text{qs}} (T_1, V_1)], \quad Q[(T_0, V_0) \xrightarrow{\text{qs}} (T_1, V_1)] \tag{2.24}$$

と記す．断熱過程かつ準静的過程を**断熱準静的過程**，等温過程かつ準静的過程を**等温準静的過程**とよび，それぞれ，

$$(T_0, V_0) \xrightarrow{\text{aqs}} (T_1, V_1), \quad (T, V_0) \xrightarrow{\text{iqs}} (T, V') \tag{2.25}$$

などと記す．そして，それぞれの環境での準静的仕事を**断熱準静的仕事**，**等温準静的仕事**とよび，

$$W[(T_0, V_0) \xrightarrow{\text{aqs}} (T_1, V_1)], \quad W[T, V \xrightarrow{\text{iqs}} V'] \tag{2.26}$$

などと記す．**断熱準静的熱**，**等温準静的熱**も同様な記号で書かれる．(2.23) 式より，準静的仕事は示量的かつ相加的[25]である．

演習問題

2.1 現実の気体の状態が理想気体の状態方程式からずれはじめたとき，次の状態方程式がよい近似を与える場合がある．

$$P = \frac{NRT}{V - bN} - \frac{aN^2}{V^2} \tag{2.27}$$

ここで，a, b は定数である．それらの定数を 0 にすれば，理想気体の状態方程式になる．(2.27) はファンデルワールスの状態方程式とよばれる．

---

[25] 厳密にいえば，ここでの示量性や相加性は，定義 2.1 で与えられている状態変数に対する表現を拡張しなければならないが，形式的な問題だろう．しかし，一般の過程での仕事の相加性や示量性については，筆者は理解していない．力学装置のモデルによっては，これらの性質を定義できる可能性もあるが，力学装置に関する条件を課したくないし，熱力学として必要でないので，追求をしていない．

また，この状態方程式にしたがうと仮定される気体は，ファンデルワールス気体とよばれる．(2.27) 式をグラフとしてあらわせ．

2.2　断熱壁で囲まれた箱に，温度の異なる 2 つの流体が断熱仕切り板で仕切られて入っている．透熱仕切り板を断熱仕切り板のすぐ横に挿入して，断熱仕切り板をぬくと，断熱過程

$$\{(T_1, V_1; A_1, N_1), (T_2, V_2; A_2, N_2)\} \stackrel{a}{\to} \{(T_*, V_1; A_1, N_1), (T_*, V_2; A_2, N_2)\} \tag{2.28}$$

が実現される．これを**自由熱接触過程**とよぶ．T_1 と T_2 が十分近い値をとるとき，T_* を $C_1 = C(T_1, V_1; A_1, N_1)$, $C_2 = C(T_2, V_2; A_2, N_2)$, T_1, T_2 であらわせ．

2.3　1.3.2 節の問題 2 の 1 次元のばねについて，流体の場合を参考にして，熱力学の適切な設定を与えよ．具体的に，許される操作を考えよ．また，復元力 σ が示強変数，変位 x が示量変数となるように，示量変数や示強変数の定義を考えよ．

第3章

熱力学第1法則

　熱と仕事は，ともにエネルギー移動として捉えることができる．この「熱と仕事の等価性」にもとづいて，流体の内部に蓄えられるエネルギーという意味をもつ状態量である内部エネルギーを定義する．熱容量と状態方程式から内部エネルギーを決める式を与える．例として，理想気体の内部エネルギーと断熱曲線を計算する．

3.1　熱と仕事の等価性

　図 3.1 のように，断熱壁で囲まれた平衡状態にある流体を，羽車でかき混ぜたり，ピストンで激しく上下振動させた後にもとの位置に戻すと，流体の温度をあげることができる．この実験事実を納得しよう．

　定量的に精密な最初の実験は羽車でなされたが，直感的には，ピストンの方がわかりやすいかもしれない．たとえば，机に手をこすりつけると，手が熱くなる．これは，摩擦による温度上昇である．ピストンを振動させるときも，ピストンと壁に摩擦があれば，摩擦の結果として温度があがる．また，ピストンと壁との摩擦が無視できるような場合でも，ピストンをすばやく上下振動すると温度をあげることができる．たとえば，ゆっくりピストンを押し

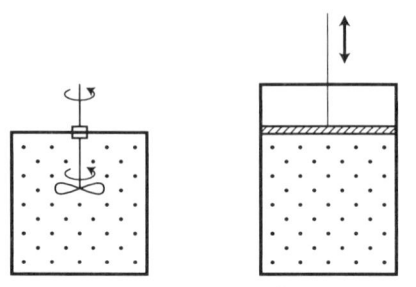

図 3.1 断熱環境でかき混ぜたり，ピストンを振動させて
もとの位置に戻すと，流体の温度はあがる．

て流体の温度をあげた後[1]に，さっと引いて流体の温度変化があまりない[2]よ
うにしてもよい．

この実験結果を形式的に述べると，次のようになる．

前提 3.1 (力学操作による温度上昇) 任意の体積 V, 任意の温度 $T_0, T_1, (T_1 > T_0)$, に対し，断熱過程 $(T_0, V) \overset{a}{\to} (T_1, V)$ を実現することができる[3]．

ところで，前章でみたように，体積を保ったまま温度をあげるには，力学装置に依らなくても，高温熱源を接触させれば，容易にできる．つまり，始状態と終状態が同じでも，力学的操作によって実現する過程と熱的操作によって実現する過程がある．前者で力学装置がする仕事は $W[(T_0, V) \overset{a}{\to} (T_1, V)]$ で，後者で熱源が与える熱は $\int_{T_0}^{T_1} dT C(T, V)$ である．この2つの量は，ともに測定可能量だから，測定して比較することができる．

実験結果は，$W[(T_0, V) \overset{a}{\to} (T_1, V)]$ が $\int_{T_0}^{T_1} dT C(T, V)$ に正比例するということを示した．ところで，前者はエネルギーの次元をもつ量であり，後者

---

[1] cf. 3.3 節 断熱曲線
[2] cf. 3.2.1 節 断熱自由膨張
[3] 温度の高低に関する向きの選択はここで決まる．たとえば，温度 T として，理想気体温度の符号を逆転したものを選んだ場合，この前提は，温度 T を減少することができる，という表現になる．形式的には，前提 3.1 の表現になるように，温度の高低に関する向きを選んだ，と考えてもよい．(cf. 2.2.2 節の（注釈））

は，熱容量の基準 C_* を単位とする量である．単位の異なる量が正比例するということは，熱容量の基準 C_* をエネルギーの単位にとってもよいことを意味する．また，C_* の値を α 倍すれば，熱容量は α 倍されるので，C_* の値をうまく選べば，$W[(T_0,V) \xrightarrow{\mathrm{a}} (T_1,V)]$ と $\int_{T_0}^{T_1} dT C(T,V)$ は，(単位つきで)等しくなる．

以上の実験結果を前提としてまとめておこう．

前提 3.2 (熱と仕事の等価性（温度上昇)) 断熱過程 $(T_0,V) \xrightarrow{\mathrm{a}} (T_1,V)$ に対して，等式
$$W[(T_0,V) \xrightarrow{\mathrm{a}} (T_1,V)] = \int_{T_0}^{T_1} dT C(T,V) \tag{3.1}$$
が成り立つように，C_* を選べる[4]．

以下では，熱をエネルギーの単位で測る．このことは，物理量の単位の問題にとどまらず，熱に関するより本質的なこと，**熱も仕事もエネルギー移動の形態である**，という示唆を与えていることが重要である．つまり，熱源で熱を入れても，力学装置で仕事をしても，熱と仕事の区別なく，同じようにエネルギーとして，流体の内部に入り，どれだけのエネルギーが流体内部に入ったかは，最初と最後の流体の状態だけで決まる．これは，前提 3.2 を一般化したものであり，さらなる実験で確かめるべきものである．ここでは，実験結果として次のようにまとめておく．

前提 3.3 (熱と仕事の等価性（一般)) 任意の過程 $(T_0,V_0) \to (T_1,V_1)$ において，流体がもらう熱とされる仕事の和
$$Q[(T_0,V_0) \to (T_1,V_1)] + W[(T_0,V_0) \to (T_1,V_1)] \tag{3.2}$$
の値は，始状態 (T_0,V_0) と終状態 (T_1,V_1) だけで決まる．

---

[4] 前章の議論で，C_* を負に選んだ場合，(3.1) 式の右辺に係数 -1 がつく実験結果を得ることになる．(3.1) 式を満たすように，C_* を正に選んだ，と考えてよい (cf. 2.2.2 節の（注釈))．

38　第 3 章　熱力学第 1 法則

3.2　内部エネルギー

　流体に力学装置を作用させても，熱源を接触させても，エネルギーが流体の内部に入るという描像で，もっとも本質的なことは，**流体はその内部にエネルギーを蓄えることができる**，ということである．前提 3.3 もその描像にたってこそ，自然に理解できる．そこで，流体の内部に蓄えられるエネルギーという意味をもつ**内部エネルギー**を定量化したい．物質の種類と物質量を固定したとき，状態 (T,V) における内部エネルギーを $U(T,V)$ と書く[5]．2 つの流体の内部に蓄えられるエネルギーはそれぞれの流体の内部に蓄えられるエネルギーの和だろうし，密度が一定に保たれたまま流体の体積が大きくなれば，それに比例して内部にエネルギーに蓄えられるだろう．したがって，内部エネルギーは示量変数である，ことも想像できる．以上の内部エネルギーの描像にしたがうと，次の法則を予想できる．

法則 1 (熱力学第 1 法則)　任意の過程 $(T_0,V_0) \to (T_1,V_1)$ において，

$$U(T_1,V_1) - U(T_0,V_0) = Q[(T_0,V_0) \to (T_1,V_1)] + W[(T_0,V_0) \to (T_1,V_1)] \tag{3.3}$$

を満たす示量変数 U がある．$U(T,V)$ は相加定数の不定性を除いて一意に決まる．

　今までの「前提」から熱力学第 1 法則を示しておく[6]．
(証明)
　任意の状態対 $(T_0,V_0), (T_1,V_1)$ に対して，

$$\Phi[(T_0,V_0),(T_1,V_1)] = W[(T_0,V_0) \to (T_1,V_1)] + Q[(T_0,V_0) \to (T_1,V_1)] \tag{3.4}$$

---

　[5] $U(T,V)$ の関数形は物質量と物質の種類に依存する．
　[6] 前提 3.3 から直観ですぐにわかるかもしれない．しかし，論理的に本当にそうなのか，と疑問に思えば，そう自明なことではないことに気づくだろう．

3.2 内部エネルギー

とおくと,前提 3.3 より,Φ は状態対 (T_0, V_0), (T_1, V_1) の関数である.さらに,任意の 3 状態 (T_0, V_0), (T_1, V_1), (T_*, V_*) に対して,この関数は,

$$\Phi[(T_*, V_*),(T_0, V_0)] + \Phi[(T_0, V_0),(T_1, V_1)] = \Phi[(T_*, V_*),(T_1, V_1)] \tag{3.5}$$

を満たす (cf. 前提 3.3).内部エネルギーは,流体に入る熱と流体がされた仕事の分だけ変化するはずだから,基準状態 (T_*, V_*) における内部エネルギーの値を U_* とし,関数 $U(T, V)$ を

$$U(T, V) = U_* + \Phi[(T_*, V_*),(T, V)] \tag{3.6}$$

と定義する.(3.5) 式より,

$$\begin{aligned}\Phi[(T_0, V_0),(T_1, V_1)] &= \Phi[(T_*, V_*),(T_1, V_1)] - \Phi[(T_*, V_*),(T_0, V_0)] &(3.7)\\ &= U(T_1, V_1) - U(T_0, V_0) &(3.8)\end{aligned}$$

を得る.(3.4) 式と (3.8) 式より,(3.3) 式がわかる.

熱的操作による温度変化と断熱準静的過程を組み合わせて,基準状態から任意の状態 (T, V) に変化させることができる.したがって,熱容量の示量性と断熱準静的仕事の示量性より,内部エネルギーの示量性がわかる.内部エネルギーの相加性も同様にしてわかる. (証明終り)

また,内部エネルギーが示量変数であることと,準静的仕事の示量性・相加性より (cf. 2.5 節),熱力学第 1 法則の結果として,**準静的熱は示量的かつ相加的**であることもわかる.

多くの文献では,どの状態からどの状態へという表記を省略した「熱力学第 1 法則の簡略形」

$$\Delta U = Q + W \tag{3.9}$$

を熱力学第 1 法則としている.この表現が (3.3) 式の簡略形だと了解していれば,問題はない.しかし,(3.3) 式にあるように,内部エネルギーは状態の関数であり,仕事や熱は過程の関数である.過程依存の量の和が状態量の差になる,というのが熱力学第 1 法則の核心である.したがって,内部エネ

ギーと熱・仕事の引数[7]の相違こそが熱力学第一法則にとって大事だ，といっても過言ではない．引数を略すとその依存性の意識が薄れてしまうので，わずらわしくても丁寧に書いた．第1法則に関連して，微分形式による説明がなされる文献もあるが，本質には関係がない．微分形式については，6.2節で議論する．

3.2.1 内部エネルギーの決定

状態方程式と熱容量で $U(T,V)$ を表現したい．まず，体積を一定に保って，熱的操作だけで温度変化を与えることができる．そのとき，熱力学第1法則より，任意の T_0, T_1, V に対して

$$U(T_1,V) - U(T_0,V) = Q[(T_0,V) \to (T_1,V)] \tag{3.10}$$

$$= \int_{T_0}^{T_1} dT\, C(T,V) \tag{3.11}$$

が成り立つ（cf. (2.10) 式）．一定に保たれた体積ごとに，内部エネルギーの温度依存性は熱容量の積分によって決まる．この式，および，定理2.1（熱容量の正値性）より，次の定理を得る．

定理 3.1 (内部エネルギーと温度) $T_1 > T_0$ となる任意の温度 T_0, T_1 に対して，$U(T_1,V) > U(T_0,V)$ が成り立つ．つまり，内部エネルギーは温度の単調増加関数である．

また，(3.11) 式の微分形として，

$$\left(\frac{\partial U}{\partial T}\right)_V = C \tag{3.12}$$

を得る．ここで，左辺は偏微分とよばれる記号を用いている（cf. 付録：偏微分）．また，関数として等しいので，引数を省略して書いている．

一定に保たれた体積ごとに，内部エネルギーの温度依存性がわかったので，

---

[7] 関数 $y = f(x)$ があったとき，x は関数 f の引数とよばれる．

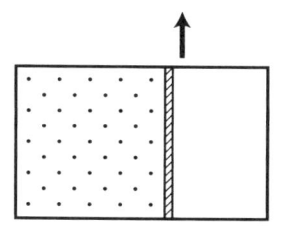

図 3.2 断熱自由膨張．仕切り壁をぬくと，真空の部分に流体が広がる．

逆に，一定に保たれた温度ごとに，内部エネルギーの体積依存性がわかれば，内部エネルギーの値がすべてわかることになる．任意の V_0, V_1, T に対して

$$U(T, V_1) - U(T, V_0) = \int_{V_0}^{V_1} dV \left(\frac{\partial U}{\partial V}\right)_T \tag{3.13}$$

なので，$\left(\frac{\partial U}{\partial V}\right)_T$ がわかればよい．次の実験を考えよう（cf. 図 3.2）．

断熱壁で囲まれた体積 V_1 の流体の右端に仕切り壁を入れ，流体の体積が V_0 になるまでピストンで押し込む．このときの温度を T_0 とすると，平衡状態 (T_0, V_0) が実現する．ピストンをはずした後で，仕切り壁をぬくことにより，断熱過程

$$(T_0, V_0) \overset{\mathrm{a}}{\to} (T_1, V_1) \tag{3.14}$$

を実現することができる．この過程を**断熱自由膨張**とよぶ．断熱自由膨張では，仕事もされないし[8]，熱の出入りもない．したがって，熱力学第 1 法則により，内部エネルギー変化はない．このことから，断熱自由膨張における温度変化を測定することにより，U の体積依存性を実験的に決めることができる．たとえば，理想気体に関しては，次の実験結果がある．

前提 3.4 (理想気体の断熱自由膨張) 理想気体の断熱自由膨張では温度は変化しない．

---

[8]仕切り壁を出したり入れたりするときの仕事は 0 と仮定されていた（cf. 2.3.1 節）．

この実験結果は，任意の T, V_0, V_1 に対し，

$$U(T, V_0) = U(T, V_1) \tag{3.15}$$

が成り立つことを意味する．つまり，理想気体の内部エネルギーは V に依存しない．微分形で書くと，

$$\left(\frac{\partial U}{\partial V}\right)_T = 0 \tag{3.16}$$

である．

理想気体以外の物質では，断熱自由膨張で流体の温度は変化する（cf. 問題 3.3）．すべての物質に対して，実験を繰り返し，内部エネルギーの V 依存性を決めていくことはできる．しかし，そのような実験を繰り返すことでしか，U の V 依存性を決めることができないなら，状態方程式と熱容量以外に，物質の熱力学的性質を特徴づける量が必要になる．

実は，驚くべきことに，次の関係式が成立する．

定理 3.2 (エネルギー方程式)

$$\left(\frac{\partial U}{\partial V}\right)_T = -P + T\left(\frac{\partial P}{\partial T}\right)_V \tag{3.17}$$

理想気体[9] も含めて，すべての物質に対する内部エネルギーの体積依存性がこの定理により決定できる．

直感的にこの定理を説明することはできない．実際，(3.17) 式の温度は，勝手な温度目盛ではだめで，絶対温度でなければならない．本書では，この定理は，絶対温度，エントロピー，自由エネルギーが全部そろった後の 6.3 節で説明する．ただし，原理的には，4 章の絶対温度まで理解できれば，この定理

---

[9] 理想気体の状態方程式をエネルギー方程式に代入すると，(3.16) 式を得る．しかし，このことを，エネルギー方程式から (3.16) 式が導かれると誤解してはならない．本書の論理構成では，エネルギー方程式は，定理 4.6 から導くことができる．ところが，定理 4.6 は前提 3.4 を利用しているので，前提 3.4 がないと，エネルギー方程式を導くことができない．理想気体温度と絶対温度の対応をつけるためには，必ずしも理想気体である必要はないが，ある特定の物質の熱力学的性質を仮定しなければならない．そのために，前提 3.4 が必要なのである．

を証明することができる (cf. 問題 4.5). したがって, 5 章でエントロピー, 6 章で自由エネルギーを定義しようとするときには, 内部エネルギーは完全に決まっていると考えてよい. ここでは, 内部エネルギーが状態方程式と熱容量から決まる, という事実をはっきりさせたいために, 6 章の結果を先どりした. エネルギー方程式は記憶するような式ではない. 6 章までの議論を理解すれば, エネルギー方程式を導出するのは簡単である.

3.2.2 例: 理想気体

理想気体の熱容量 (2.12) 式と, (3.12), (3.16) 式より, 理想気体の内部エネルギーは

$$U(T,V) = cNRT + U_* \tag{3.18}$$

となる. U_* は基準点であり, 任意に選んでよいが, $U_* = 0$ に選ぶことが習慣になっている.

3.3 断熱曲線

状態 (T_0, V_0) から断熱準静的過程で到達できる状態は (T, V) の空間で曲線をなす (cf. 図 3.3). この曲線を**断熱曲線**[10]とよぶ. 断熱曲線の形は物質固有の性質であり, 熱容量 $C(T, V)$ と状態方程式 $P = P(T, V)$ がわかれば断熱

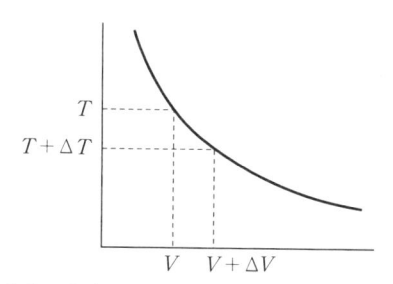

図 **3.3** 断熱曲線. 曲線の微小な部分を考える. その部分が, 断熱準静的過程で実現できることより, 曲線の満たす微分方程式を導く.

---

[10]断熱準静的曲線でないか, という指摘は正しい. しかし, 混乱がないと思われるので, ここでは, 言葉の省略を許してもらう.

曲線の形が求まる.

例題として,理想気体に対する断熱曲線を求めよう. 断熱環境下で,状態 (T,V) から体積を微小な ΔV だけゆっくり変化させて,断熱準静的過程

$$(T,V) \xrightarrow{\text{aqs}} (T+\Delta T, V+\Delta V) \tag{3.19}$$

を実現させる. ΔT と ΔV の関係を微分方程式として求め,それを積分することにより断熱曲線を求める.(微分方程式の知識は前提にしない.)

微小な断熱準静的過程 (3.19) 式に対する内部エネルギーの変化を ΔU と書くと,熱力学第 1 法則より,

$$\Delta U = W[(T,V) \xrightarrow{\text{aqs}} (T+\Delta T, V+\Delta V)] \tag{3.20}$$

が成り立つ. 定義 2.3(準静的過程)より,ΔV が十分小さいとき,

$$\begin{aligned} W[(T,V) \xrightarrow{\text{aqs}} (T+\Delta T, V+\Delta V)] &= -P(T,V)\Delta V + o(\Delta V)) & (3.21)\\ &= -NR\frac{T}{V}\Delta V + o(\Delta V) & (3.22) \end{aligned}$$

と書ける. ただし,理想気体の状態方程式 (2.5) を使った. 一方,(3.18) 式より,

$$\begin{aligned} \Delta U &= U(T+\Delta T, V+\Delta V) - U(T,V) & (3.23)\\ &= cNR\Delta T & (3.24) \end{aligned}$$

が成り立つ. (3.22) 式と (3.24) 式を (3.20) 式に代入すると,

$$cNR\Delta T = -NR\frac{T}{V}\Delta V + o(\Delta V) \tag{3.25}$$

を得る. $\Delta V \to 0$ の極限で,微小量 $\Delta V, \Delta T$ を dV, dT のように記すと,微分方程式

$$c\frac{dT}{dV} = -\frac{T}{V} \tag{3.26}$$

になる. (3.26) 式を

$$c\frac{dT}{T} = -\frac{dV}{V} \tag{3.27}$$

と書き直して積分すると，

$$c \log T = -\log V + \text{const.} \tag{3.28}$$

を得る．したがって，

$$T^c V = \text{const.} \tag{3.29}$$

が理想気体の断熱曲線である．

　理想気体の断熱曲線を見ると，体積を十分大きくすることで，温度は限りなく小さくなるし，逆に，体積を十分小さくすると，温度は限りなく大きくなる．つまり，流体がどんな状態にあっても，任意の温度に変化する断熱準静的過程を実現できる．理想気体だけでなく，一般の流体に対しても，この性質を期待して，次の仮定をする．

前提 3.5 (断熱曲線の広がり)　任意の状態 (T_0, V_0)，任意の温度 T に対して，断熱準静的過程 $(T_0, V_0) \xrightarrow{\text{aqs}} (T, V)$ を実現する V がある．

　これは，物理的に大事な仮定ではない．単に，次章からの説明を簡単にするために前提にする．この仮定を前提にしないと，議論が本質的な部分以外のところで，込み入ってくるので，それを避けるためである．また，6.4 節で見るように，この前提に相当するものを満たさない場合もある．そのような場合には，次章からの議論のいくつかを技術的に修正する必要がある．

演習問題

3.1　一般の流体に対して断熱曲線を定義する微分方程式は

$$\frac{dT}{dV} = -\frac{T}{C}\left(\frac{\partial P}{\partial T}\right)_V \tag{3.30}$$

であることを示せ．(ヒント：理想気体に対する (3.26) 式を導くのと同じように考え，定理 3.2 (エネルギー方程式) を使う．また，付録の (A.3) 式も参考にせよ．)

3.2　熱容量の体積依存性が

$$\left(\frac{\partial C}{\partial V}\right)_T = T\left(\frac{\partial^2 P}{\partial T^2}\right)_V \tag{3.31}$$

のように，状態方程式から決定できることを示せ．ただし，エネルギー方程式を使ってよい．

3.3　ファンデルワールス気体について，内部エネルギー $U(T, V)$ を求め，断熱自由膨張での温度変化を議論せよ（cf. 問題 2.1）．ただし，ファンデルワールス気体の熱容量は，理想気体の熱容量と同じ関数形だとしてよい．

3.4　光子気体[11]は，単位体積あたりの内部エネルギーが温度だけの関数 $u(T)$ であり，その圧力が $u(T)/3$ となることが知られている．エネルギー方程式を使って，$u(T)$ が T^4 に比例することを示せ．

3.5　1.3.2 節の問題 2 のばねに対して，エネルギー方程式の形が，

$$\left(\frac{\partial U}{\partial x}\right)_T = -\sigma + T\left(\frac{\partial \sigma}{\partial T}\right)_x \tag{3.32}$$

で与えられることを使って，ばねの内部エネルギーを求めよ（cf. 問題 2.3）．ただし，(3.32) 式においては，変位が正の向きに働く復元力が正となるように選んでいる．

3.6　2.1.2 節で，「空気が上昇すると断熱膨張で温度がさがる」という表現があった．これを，空気塊が上昇するとき，その高度に依存した圧力を受けながら断熱準静的変化で温度変化がさがる，と解釈して，温度が高さに応じてどう変化するか計算せよ．ただし，空気を理想気体だと考えてよい．

---

[11] 温度 T の空洞容器に蓄えられる電磁輻射場のこと．たとえば，砂川重信，理論電磁学（紀伊国屋書店，1973 年）参照．

第4章

熱力学第2法則

「第2種永久機関が存在しない」という前提から，等温過程で流体がもらえる熱の限界に関する原理や2温度熱機関の最大効率の普遍性を導く．後者の考察から，普遍的な温度目盛である絶対温度を定義する．

4.1　永久機関

始状態と終状態とが同じである過程[1]を**サイクル過程**とよぶ．サイクル過程で，流体が力学装置に仕事をしたなら，その過程を実現する操作を繰り返し行うことにより，流体は力学装置に仕事をしつづけることができる．つまり，**機関**（エンジン）を作ることができる．熱力学的には，流体がサイクル過程で力学装置に正の仕事をするものを機関とよぶ．

図 4.1 に，機関の例を示そう．断面がドーナッツのような管に流体を入れる．管は断熱壁で囲まれていて，最初，平衡状態にある．重力が下向きに働いているとして，左右の壁のある部分を断熱壁の代わりに，異なる温度の熱源を接触させる．（あるいは，右側に低温熱源を接触させ，左側は大気と透熱接触させるだけでもよい．）温度が高くなった場所の流体は膨張し密度がさがり上向きの力を受けるので，温度差が十分あると流体は回転を始めるだろう．

---

[1] 2.4.3 節を参照．

図 4.1 機関の例

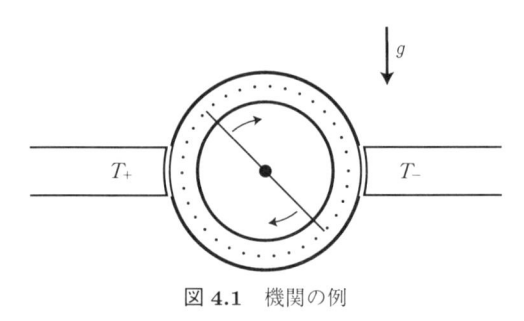

　流体に羽車をつけておくと，羽車を通して流体のする仕事をとり出すことができる．また，仕事をとり出しているときは平衡でないが，熱源を切り離すともとの平衡状態に戻り，サイクル過程を実現できる．つまり，熱力学的な機関ともみなせる．

　この例は，簡単ではあるが，熱の流れを作り出す機構を備えている．熱の流れを作りつづけるには，熱源を維持しなければならず，そのために，物質やエネルギーを補給しつづけなければならない．そこで，物質やエネルギーの補給なしに仕事ができる機関，つまり，**永久機関**の可能性を考えてみよう．むろん，熱力学第 1 法則により，別のものから仕事をされて仕事をするか，熱をとり込んで仕事をするか，しか可能性はない．ただし，我々の周りには，大気や海水がある．大気から熱を奪って，その熱をそのままずべて仕事として使う機関が作動できれば，実質的に永久機関の役割を果たすだろう．このような永久機関を**第 2 種永久機関**とよぶ．

　第 2 種永久機関を熱力学的に正確に表現するために，エネルギー移動を具体的に考えよう．たとえば，図 4.1 のサイクル過程では，高温熱源から熱 Q_+ をもらい，羽車をまわすのに仕事 W をして，低温熱源に熱 Q_- を放出する．サイクル過程なので，内部エネルギーの変化はなく，熱力学第 1 法則より，$Q_+ = W + Q_-$ が成立する．ただし，Q_+, Q_-, W はすべて正の量である．それに対して，第 2 種永久機関として想定されているのは，左側を大気と接触させたままで，$Q_- = 0$ となるような装置である．このとき，熱力学第 1 法則は $Q_+ = W$ になるので，エネルギー的に矛盾するわけではない．この例を

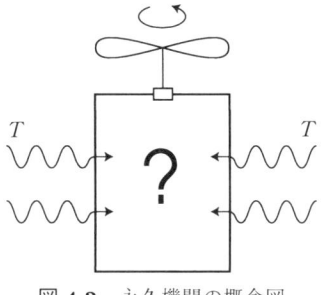

図 **4.2** 永久機関の概念図

踏まえて，第 2 種永久機関を次のように定義する（図 4.2 参照）．

定義 4.1 (第 2 種永久機関) 流体がサイクル過程である熱源から正の熱を奪い，他に変化を残すことなく，力学装置に同じ正の仕事をするものを第 2 種永久機関とよぶ．

サイクル過程の途中では，熱が奪われる熱源 R と仕事をされる力学装置 M の他に，力学装置や熱源[2]と相互作用があってよい．しかし，サイクル過程が終了したときには，流体の状態だけなく，R と M を除いて，関わったすべての力学装置や熱源に，変化があってはならない．それゆえに，「他に変化を残すことなく」という言葉を挿入している．ただし，「力学装置に変化がない」とは，その力学装置がサイクル過程でする仕事が 0 であること，「熱源に変化がない」とは，その熱源がサイクル過程で流体に与える熱が 0 であること，とする．

4.1.1　ケルビンの原理

第 2 種永久機関があれば，発電機構や車のデザインなど，ありとあらゆる点で，人間の生活に影響を与えるかもしれない．しかし，現在に至るまで，それを作ろうとする素朴な挑戦をことごとくはねのけてきた．どうやら，**第 2**

---

[2] ただし，温度が時間変化する熱源との相互作用は認めない．

種永久機関が存在しないというのは自然の摂理らしい．そこで，この事実を受け入れ，理論の前提にする．

前提 4.1 (ケルビンの原理) 流体がサイクル過程である熱源から正の熱を奪い，他に変化を残すことなく，力学装置に同じ正の仕事をすることはできない．

ケルビンの原理は，熱と仕事の本質的差異を主張している．前章で，熱と仕事の等価性を議論した．熱も仕事もエネルギー移動の形態ではあるが，両者には本質的な差がある，というのがケルビンの原理の主張である．2 章で議論したように，熱も仕事も異なる測定方法を通じて，別々に定義されたので，等価でないことは不思議でない，と考える読者もいるかもしれない．そういう読者は，3 章の実験結果として与えられた「熱と仕事の等価性」を大いにこだわってほしい．熱と仕事が同じエネルギー移動にすぎない，という描像がはっきりすればするほど，ケルビンの原理で表現されている部分が不思議に思えてくるだろう．熱と仕事の等価性を表現する熱力学第 1 法則に対して，熱と仕事の本質的差異を主張するケルビンの原理は，「熱力学第 2 法則のケルビンによる表現」ともよばれる．
(注釈)
3 章では，熱力学第 1 法則を内部エネルギーによって法則 1 の形で表現した．同じように，熱力学第 2 法則は 5 章でエントロピーによって法則 2 として表現される．しかし，そもそも，内部エネルギーやエントロピーの状態量が定義できる，という実験的根拠がそれぞれの前提にあることを忘れてはならない．それゆえに，前提 3.1, 3.2, 3.3 を熱力学第 1 法則，前提 4.1 を第 2 法則とよぶ[3]こともある．

---

[3]多くの場合強調されないが，前提 2.1 と前提 3.1 は熱力学第 2 法則と関係した前提である．

4.2 等温過程における熱力学原理

ケルビンの原理を等温過程に適用しよう．等温過程とは，最初から最後までただ1つの熱源と熱のやりとりをし，力学操作だけで実現される過程だった（cf. 2.4.3 節）．関わるすべての力学装置をひとまとめにすると，等温過程に対するケルビンの原理を得る．

前提 4.2 (ケルビンの原理(等温過程)) [4]
サイクル等温過程で，流体が正の仕事をすることはできない．

4.2.1 最小仕事の原理

サイクル過程でなく，始状態と終状態を指定した等温過程では，力学装置がする仕事は，熱源へ熱として移動するだけでなく，流体の内部にエネルギーとして蓄えられる．始状態と終状態を指定しているので，内部エネルギーの変化は一定である．一方，熱源や力学装置とのエネルギーのやりとりは過程の詳細に依存する．前提 4.2 より，始状態と終状態を指定した等温過程では，力学装置が流体にする仕事に最小値がある，流体が力学装置にする仕事に最大値がある，ということを示せる．これらを，**最小仕事の原理**，**最大仕事の原理**，とよぶ．同じ原理の異なる表現である．本書では，以下，力学装置の立場にたって，最小仕事の原理とよぶことにする．

最小仕事の原理を数学的に表現して，ケルビンの原理にもとづいて証明する．

定理 4.1 (最小仕事の原理) 力学装置が等温過程 $(T, V_0) \xrightarrow{i} (T, V_1)$ でする仕事は，等温準静的過程 $(T, V_0) \xrightarrow{\text{iqs}} (T, V_1)$ でする仕事より小さくなることはない．等温準静的仕事は始状態と終状態だけで決まる．

---

[4]論理的には，前提 4.2 は前提 4.1 から結論できることなので，独立な前提でない．しかし，永久機関をどこまで強く制限して定義するか，という問題と関係し，論旨によっては，前提 4.1 をもち出さずに，より簡潔な前提 4.2 を第 2 法則の議論の出発点にとることも可能である [5]．「定理」でなく，「前提」と書いたのは，そういう気持ちをあらわしている．ただし，前提 4.2 を出発点にする立場では，論理展開をすこし変更しなければならない．

（証明）

定理 2.2（準静的過程の可逆性）より，$(T, V_0) \xrightarrow{\text{iqs}} (T, V_1)$ は逆行可能なので，

$$(T, V_0) \xrightarrow{\text{i}} (T, V_1) \xrightarrow{\text{iqs}} (T, V_0)$$

を実現でき，この過程で力学装置がする仕事は

$$W[T, V_0 \xrightarrow{\text{i}} V_1] - W[T, V_0 \xrightarrow{\text{iqs}} V_1]$$

となる．前提 4.2 より，これは負ではない．したがって，

$$W[T, V_0 \xrightarrow{\text{i}} V_1] \geq W[T, V_0 \xrightarrow{\text{iqs}} V_1] \tag{4.1}$$

が成り立つ．

また，始状態 (T, V_0) と終状態 (T, V_1) を指定したとき，2 つの等温準静的過程（過程 1 と過程 2）で力学装置がする仕事をそれぞれ W_1 と W_2 とする．上の証明で，任意の過程の例として過程 1 を，等温準静的過程の例として過程 2 を選ぶと，$W_1 \geq W_2$ が成り立つ．対応のさせ方を反対にしてもいいから，$W_2 \geq W_1$ も成り立つ．したがって，$W_1 = W_2$ である．（証明終り）

複数の種類の流体が，複数の箱に仕切られている箱に入っている場合には，

$$X = (\{V_1; A_1, N_1\}, \cdots, \{V_M; A_M, N_M\})$$

で定義される X をもちいて，単温度状態の表記にしたがって（cf. 2.4.1 節），状態を (T, X) と書くと，V の代わりに X を使うだけで同様の議論をすることができる．

4.2.2 最大吸熱の原理

始状態と終状態を指定した等温過程で，流体が熱源からもらう熱を Q，力学装置にされる仕事を W とすると，熱力学第 1 法則より，$\Delta U = Q + W$ が成り立つ．ΔU は，始状態と終状態だけで決まるので，仕事の最小は吸熱の最大を意味する．最小仕事の原理より，これは吸熱に最大値があること，つ

まり，**最大吸熱の原理**が成り立つことがわかる．もちろん，「熱源に放出する熱に最小値がある」という**最小発熱の原理**とも等価である．等温準静的過程で最大値を実現できるので，次の定理を得る．

定理 4.2 (最大吸熱の原理)

$$Q[T, V_0 \xrightarrow{\text{i}} V_1] \leq Q[T, V_0 \xrightarrow{\text{iqs}} V_1] \tag{4.2}$$

例：理想気体

等温過程では，理想気体の内部エネルギーが一定なので（cf. (3.16) 式），等温準静的熱は，流体が力学装置にする仕事に等しい．したがって，

$$Q[T, V_0 \xrightarrow{\text{iqs}} V_1] = \int_{V_0}^{V_1} dV P(T, V) \tag{4.3}$$

$$= NRT \log \frac{V_1}{V_0} \tag{4.4}$$

を得る．

4.3　2 温度熱機関

図 4.1 で示されているように，異なる温度の熱源があれば，熱を奪って，仕事をしつづける機関を作ることができる．本書では，このような機関を 2 温度熱機関とよび，次のように定義する（cf. 図 4.3）．

定義 4.2 (2 温度熱機関)　流体がサイクル過程で異なる 2 つの温度の熱源と熱のやりとりをし，力学装置に正の仕事をするものを 2 温度熱機関とよぶ．

2 温度熱機関では，流体が高温の熱源から熱をもらって，外に仕事をして，低温の熱源に残った熱を捨てる．そこで，そのエネルギー変換の性能を測る量として，効率を

$$\eta = \frac{W}{Q_+} \tag{4.5}$$

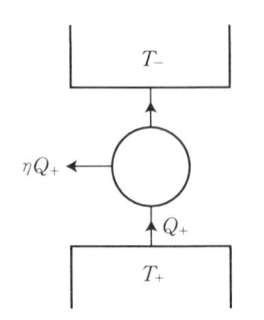

図 4.3 2 温度熱機関の概念図

と定義する．ただし，W は流体が外にする仕事[5]，Q_+ は流体が高温の熱源からもらう熱である．

2 温度熱機関が作動しているときは，一般には，平衡状態にはない．しかし，4.1 節で議論したように，1 つの熱源を断熱壁で切り離すことによって，平衡状態に到達するようにできる．したがって，2 温度熱機関の作動を，熱力学における過程として記述し，熱力学的考察を行うことができる．特に，2 温度熱機関の効率の限界に関する普遍的な主張が，絶対温度やエントロピーの導入にとって決定的な役割を果たすことになる．

4.4 カルノーの定理

2 温度熱機関の効率の限界に関して次の定理が成り立つ．

定理 4.3 (カルノーの定理) 物質量 N，物質 A の流体が，異なる温度 $T_+ > T_-$ の熱源と熱のやりとりをする 2 温度熱機関を考える．どのような作動方式を考えても，超えることができない，効率の上限値が存在する．その値は，**物質の種類**と**物質量**によらず，2 つの温度 (T_+, T_-) だけで決まる．

---

[5] 力学装置がする仕事を W という記号で統一したいなら，効率の定義にマイナスをつけないといけない．

4.4 カルノーの定理　55

この定理の驚くべき点は,「物質の種類によらず」という文節にある.2温度熱機関の効率に限界があることは,ケルビンの原理から想像できる.しかし,物質 A の熱容量や状態方程式などの熱力学的性質が効率の上限を決めているわけではない.後に導出される物質の種類に依存しない熱力学関係式の起源が,カルノーの定理にあると考えてもよい.

この定理の証明は簡単ではない.論理的な部品が全部そろっていて,ある関係を導出するような証明とはレベルが異なり,発想の飛躍が必要である.まず,2温度熱機関の効率の上限値を与える機関を推測し,実際に,その機関が上限値を与えることを示し,さらに,その上限値が物質の種類に依存しないことを示す.上限値を与える機関が推測できなければ,証明どころでない.そこで,カルノーの定理の証明に向けて,カルノーの考案した2温度熱機関（カルノー機関）の説明から始める.

4.4.1　カルノー機関

2つの熱源の温度を T_+, T_-, ($T_+ > T_-$) とする.状態 (T_+, V_0) を始状態と終状態にするサイクル過程の中で,流体がいちばん無駄なく外に仕事をできる過程を推測してみよう.

4.2 節で議論したように,等温過程では,準静的過程による状態変化がもっとも無駄なく外に仕事をすることができる（cf. 定理 4.1）.したがって,始状態と終状態を指定した温度 T_+ の等温過程の中では,等温準静的過程

$$(T_+, V_0) \xrightarrow{\text{iqs}} (T_+, V_1) \tag{4.6}$$

で,流体のする仕事は最大になる.ここで,V_1 は任意に選んでよい.前提 4.2（ケルビンの原理）より,温度 T_- の状態を経由しないと仕事がとり出せないので,過程 (4.6) に引きつづいて,過程

$$(T_+, V_1) \to (T_-, V_3) \tag{4.7}$$

を考える.2つの熱源を同時に使えば,高温熱源から低温熱源にエネルギーが熱として流れるから,その分だけ仕事として使えない.したがって,過程 (4.7) を断熱過程として考える.また,準静的過程の可逆性が最小仕事の原

第 4 章　熱力学第 2 法則

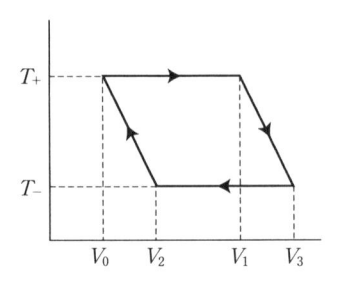

図 4.4 カルノーサイクル．温度 T_+ の等温準静的過程，断熱準静的過程，温度 T_- の等温準静的過程，断熱準静的過程からなる．

理の鍵であったこと参考にして，断熱準静的過程でその過程を実現する．つまり，

$$(T_+, V_1) \xrightarrow{\text{aqs}} (T_-, V_3) \tag{4.8}$$

である．あとは，サイクルを完成させるために，折り返して，過程

$$(T_-, V_3) \xrightarrow{\text{iqs}} (T_-, V_2) \tag{4.9}$$

$$(T_-, V_2) \xrightarrow{\text{aqs}} (T_+, V_0) \tag{4.10}$$

を考えればよい．V_2 はサイクルが完成するという条件で決まる（cf. 図 4.4）．また，図 4.4 からわかるように，$V_1 > V_0$ となるように選べば，流体はこのサイクルで力学装置に正の仕事をする．

4 つの準静的過程 (4.6), (4.8), (4.9), (4.10) からなるサイクルで，正の仕事を力学装置にするものを**カルノーサイクル**とよぶ．カルノーサイクルを実現するものを**カルノー機関**とよぶ．カルノーサイクルを

$$\mathrm{C}[T_+, T_-; V_0, V_1, V_2, V_3; \mathrm{A}, N]$$

と表記する．物質の種類と物質量の依存性も明示的に書いた．

カルノーサイクルは準静的過程なので，定理 2.2（準静的過程の可逆性）より，逆にたどる過程が実現可能であり，逆過程で外にする仕事の符号は反転する．カルノーサイクルの逆過程を逆カルノーサイクル，それを実現するも

のをカルノー逆機関とよぶ．カルノー逆機関では，力学装置が流体に仕事をする．

カルノー機関の効率を**カルノー効率**とよび，η_c と記す．カルノー効率は，等温準静的過程 (4.6), (4.9) で，それぞれの熱源からもらう熱，$Q[T_+, V_0 \xrightarrow{\text{iqs}} V_1; A, N]$，$Q[T_-, V_3 \xrightarrow{\text{iqs}} V_2; A, N]^6$ を使って，

$$\eta_c = \frac{Q[T_+, V_0 \xrightarrow{\text{iqs}} V_1; A, N] + Q[T_-, V_3 \xrightarrow{\text{iqs}} V_2; A, N]}{Q[T_+, V_0 \xrightarrow{\text{iqs}} V_1; A, N]} \tag{4.11}$$

と書ける．(流体がサイクル過程でする仕事は 2 つの熱源からもらった熱の和と等しいことに注意せよ．) カルノーの定理は，カルノー効率を使うと次のように表現される．

定理 4.4 (カルノーの定理（カルノー効率版）) カルノー効率は，物質の種類 A，物質量 N，各過程を切り替える体積 V_0, V_1, V_2, V_3 の選び方に依存せずに，2 つの温度 T_+, T_- の値だけで決まる．温度 T_+, T_- の熱源と熱のやりとりをする 2 温度熱機関は，その温度のカルノー効率を超えることはない．

4.4.2 カルノーの定理の証明

カルノーの定理（カルノー効率版）の証明を与える（cf. 図 4.5）．
(証明)

効率が η の 2 温度熱機関 D を考える．証明のアイデアは，この熱機関 D とカルノー逆機関を組み合わせて，高温の熱源からもらう熱を 0 にし，ケルビンの原理に帰着させることにある．

まず，それぞれの機関のエネルギー移動を整理しよう．最初，熱機関 D は高温熱源と断熱されていて，温度 T_- の平衡状態にあったとしよう．高温熱源とつないで，機関を 1 サイクルだけ動かし，ふたたび高温熱源と断熱し，最初の平衡状態に戻す．このとき，高温の熱源から受けとる熱を Q_{D+} とすると，熱機関 D が 1 サイクルでする仕事は ηQ_{D+} になる．

---

[6]低温熱源には，熱を捨てているので $Q[T_-, V_3 \xrightarrow{\text{iqs}} V_2; A, N]$ の符合は負である．

58　第 4 章　熱力学第 2 法則

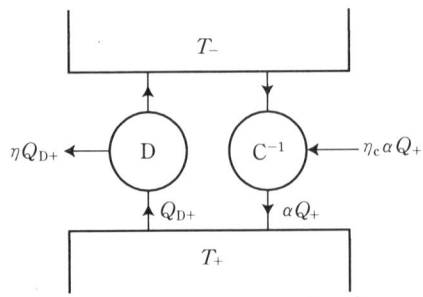

図 4.5 カルノーの定理の証明の概略図．任意の 2 温度熱機関 D に対し，高温熱源との熱のやりとりを打ち消すようなカルノー逆機関を考え，ケルビンの原理に帰着させる．

　一方，カルノーサイクル $C[T_+, T_-; V_0, V_1, V_2, V_3; A, N]$ を逆行させたカルノー逆機関を考える．この機関を 1 サイクルだけ作動するとき，高温熱源に**放出**する熱と力学装置にされる仕事は，それぞれ，$Q[T_+; V_0 \xrightarrow{\text{iqs}} V_1; A, N]$，$\eta_c Q[T_+; V_0 \xrightarrow{\text{iqs}} V_1; A, N]$ である．

　次に，熱機関 D が高温熱源から受けとる熱と逆カルノー機関が高温熱源に放出する熱が打ち消すようなデザインを考える．熱機関 D が高温熱源から受けとる熱と逆カルノー機関が高温熱源に放出する熱の比を α とおく．

$$\alpha = \frac{Q_{D+}}{Q[T_+, V_0 \xrightarrow{\text{iqs}} V_1; A, N]} \tag{4.12}$$

このとき，準静的熱の示量性より（cf. 3.2 節），

$$Q_{D+} = \alpha Q[T_+, V_0 \xrightarrow{\text{iqs}} V_1; A, N] \tag{4.13}$$

$$= Q[T_+, \alpha V_0 \xrightarrow{\text{iqs}} \alpha V_1; A, \alpha N] \tag{4.14}$$

が成り立つ．したがって，カルノー逆機関を相似的に α 倍した機関は，熱機関 D が高温熱源から吸収する熱と同じ量だけ放出する．

　したがって，熱機関 D と α 倍されたカルノー逆機関を合成した機関の 1 サイクルでの状態変化では，高温熱源との熱の収支が 0 であり，低温熱源だけから熱を奪い，同じだけの仕事

$$W_{\text{total}} = \eta Q_{D+} - \eta_c Q[T_+, \alpha V_0 \xrightarrow{\text{iqs}} \alpha V_1; A, \alpha N] \tag{4.15}$$

$$= (\eta - \eta_{\mathrm{c}})Q_{\mathrm{D}+} \tag{4.16}$$

をする．前提 4.1（ケルビンの原理）により，これは正になりえない．したがって，$\eta \leq \eta_{\mathrm{c}}$ を得る．つまり，効率 η_{c} より大きい効率 η を与える 2 温度機関は存在しない．

また，別のカルノーサイクル

$$\mathrm{C}[T_+, T_-; V_0', V_1', V_2', V_3'; \mathrm{A}', N']$$

の効率を η_{c}' とする．η_{c} より大きい効率を与える 2 温度機関は存在しないので，$\eta_{\mathrm{c}}' \leq \eta_{\mathrm{c}}$ である．2 つのカルノーサイクルの役割を交換すると，同様に，$\eta_{\mathrm{c}}' \geq \eta_{\mathrm{c}}$ が成り立つ．したがって，$\eta_{\mathrm{c}}' = \eta_{\mathrm{c}}$ になる．つまり，カルノー効率は，(T_+, T_-) だけの関数である． (証明終り)

4.5 絶対温度

カルノー効率の普遍性とカルノー効率の定義から，次の定理を得る．

定理 4.5 (等温準静的熱の比の普遍性) 2 つのカルノーサイクル $\mathrm{C}[T_+, T_-; V_0, V_1, V_2, V_3; \mathrm{A}, N]$，$\mathrm{C}[T_+, T_-; V_0', V_1', V_2', V_3'; \mathrm{A}', N']$ に対して，

$$\frac{Q[T_-, V_2 \xrightarrow{\mathrm{iqs}} V_3; \mathrm{A}, N]}{Q[T_+, V_0 \xrightarrow{\mathrm{iqs}} V_1; \mathrm{A}, N]} = \frac{Q[T_-, V_2' \xrightarrow{\mathrm{iqs}} V_3'; \mathrm{A}', N']}{Q[T_+, V_0' \xrightarrow{\mathrm{iqs}} V_1'; \mathrm{A}', N']} \tag{4.17}$$

が成り立つ．

この定理より，熱と関係した温度である**絶対温度**を定義することができる．温度 T は理想気体温度に限らず，どのような温度でもよい．絶対温度を Θ と書き，次のように定義する．

定義 4.3 (絶対温度) 温度 T_* に対する絶対温度を Θ_* とする．$T > T_*$ のとき，カルノーサイクル $\mathrm{C}[T, T_*; V_0, V_1, V_{*0}, V_{*1}; \mathrm{A}, N]$ を使って，温度 T に対

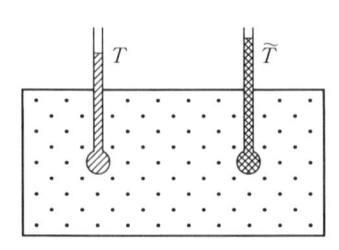

図 4.6 異なる温度目盛 T と $\widetilde{T}$ で同じ流体の温度を測ると値が違ってくる．一度，目盛間隔さえ調整すれば，どんな流体の状態に対しても，絶対温度で測ると等しくなる．

する絶対温度 Θ を

$$\Theta(T) = \frac{Q[T, V_0 \xrightarrow{\text{iqs}} V_1; A, N]}{Q[T_*, V_{*0} \xrightarrow{\text{iqs}} V_{*1}; A, N]} \Theta_* \tag{4.18}$$

と定義する．$T < T_*$ のときは，カルノーサイクル $C[T_*, T; V_{*0}, V_{*1}, V_0, V_1; A, N]$ を使って，(4.18) 式で定義する．

定理 4.5 より，$\Theta(T)$ という関数形は (4.18) 式の右辺の $(V_0, V_1, V_{*0}, V_{*1}, A, N)$ の選択には依存せず，温度 T の種類と絶対温度の基準の選択だけに依存する．また，$\Theta(T)$ の値は熱という温度計と関係ない量だけで決まるので，温度 T の種類に関係なく，目盛間隔さえ一致させれば，同じ値をもつ．この意味で，Θ は絶対的な温度である（cf. 図 4.6）．

4.5.1 理想気体温度との関係

T を理想気体温度とする．理想気体の状態方程式を使って $\Theta(T)$ を計算しよう．理想気体の等温準静的熱 (4.4) 式を (4.18) 式に代入すると，

$$\Theta(T) = \frac{T}{T_*} \frac{\log(V_1/V_0)}{\log(V_{*1}/V_{*0})} \Theta_* \tag{4.19}$$

を得る．ここで，$(T, V_0), (T, V_1)$ は，$(T_*, V_{*0}), (T_*, V_{*1})$ とそれぞれ断熱準静的過程でむすばれるので，理想気体の断熱曲線 (3.29) 式から，

$$T^c V_1 = T_*^c V_{*1} \tag{4.20}$$

$$T^c V_0 = T_*^c V_{*0} \tag{4.21}$$

4.5 絶対温度

が成り立つ．辺々割ると，
$$\frac{V_1}{V_0} = \frac{V_{*1}}{V_{*0}} \tag{4.22}$$
を得るので，(4.19) 式に代入すると，
$$\Theta(T) = \frac{T}{T_*}\Theta_* \tag{4.23}$$
を得る．

この結果は，理想気体を使った練習問題の解答を超えて意味をもつ．カルノーの定理で保証されている Θ の普遍性から，T が理想気体温度である限り，どんな物質を使ってもこの結果になるからである．以下では，T を理想気体温度としたときに，$\Theta_* = T_*$ と選ぶことによって，絶対温度と理想気体温度を同一視し，同じ記号 T であらわす．このとき，次の定理を得る．

定理 4.6 (絶対温度と熱) 任意のカルノーサイクル $C[T_+, T_-; V_0, V_1, V_2, V_3; A, N]$ に対して，
$$\frac{Q[T_+, V_0 \xrightarrow{\text{iqs}} V_1; A, N]}{T_+} = \frac{Q[T_-, V_2 \xrightarrow{\text{iqs}} V_3; A, N]}{T_-} \tag{4.24}$$
が成り立つ．

(証明)

$T_+ > T_- > T_*$ とする．カルノーサイクル $C[T_+, T_-; V_0, V_1, V_2, V_3; A, N]$ に対して，2つのカルノーサイクル

$$C[T_+, T_*; V_0, V_1, V_{*0}, V_{*1}; A, N]$$

$$C[T_-, T_*; V_2, V_3, V_{*0}, V_{*1}; A, N]$$

がある (cf. 図 4.7)．絶対温度の定義 (4.18) 式，および，$\Theta = T$ より，
$$\frac{Q[T_+, V_0 \xrightarrow{\text{iqs}} V_1; A, N]}{T_+} = \frac{Q[T_*, V_{*0} \xrightarrow{\text{iqs}} V_{*1}; A, N]}{T_*} \tag{4.25}$$

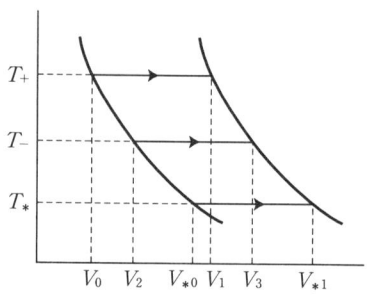

図 4.7 定理 4.6 の証明の補助グラフ

と

$$\frac{Q[T_-, V_2 \xrightarrow{\text{iqs}} V_3; A, N]}{T_-} = \frac{Q[T_*, V_{*0} \xrightarrow{\text{iqs}} V_{*1}; A, N]}{T_*} \quad (4.26)$$

が成り立つ．(4.25), (4.26) 式の右辺は等しいので，左辺も等しい．よって，(4.24) 式が成り立つ．

$T_+ > T_- > T_*$ 以外の場合には，大小関係に応じたカルノーサイクルを使えば，同様に証明できる． (証明終り)

演習問題

4.1 もっともらしい第 2 種永久機関をデザインし，それについて熱力学的な分析を与えよ．

4.2 第 2 種永久機関があれば，人類の社会がどのように変化するか議論せよ．また，エネルギー問題，環境問題に関連して，第 2 種永久機関があればどのような役割を果たすと考えられるか．「夢の機関」という肯定的な側面だけでなく，第 2 種永久機関のもたらす有害な点についても想像をめぐらしてみよ．

4.3 ファンデルワールス気体について，$Q[T, V_0 \xrightarrow{\text{iqs}} V_1]$ を計算せよ（cf. 問題 2.1, 問題 3.3）．

4.4 1.3.2 節の問題 2 のばねについて，$Q[T, x_0 \xrightarrow{\text{iqs}} x_1]$ を計算せよ（cf. 問

題 2.3, 問題 3.5).

4.5 定理 4.6（絶対温度と熱）において，$T_- = T$, $T_+ = T + \Delta T$ とおき，ΔT が十分小さい場合を考えて，定理 3.2（エネルギー方程式）を導け．

4.6 T を絶対温度とするとき，カルノー効率は

$$\eta_\mathrm{c} = 1 - \frac{T_-}{T_+} \tag{4.27}$$

と書けることを示せ．

4.7 任意の状態 (T, V_0) に対し，

$$Q[T, V_0 \xrightarrow{\text{iqs}} V_1] > 0 \tag{4.28}$$

を満たす V_1 が存在することを示せ．(注：前提 3.5 が必要である．)

第5章

エントロピー

　ある平衡状態から別の平衡状態へ断熱過程で遷移できるための必要十分条件を，その大小関係で表現する示量変数を見い出す．その変数は，物質の熱力学的性質から本質的に一意に決まり，エントロピーとよばれる．また，物質の熱力学的性質を完全に決めることができる「完全な熱力学関数」について説明する．

5.1　不可逆性

　不可逆性とは，もとの状態に戻すことができない，という性質である．割れた皿をくっつけることはできないし，コーヒーにミルクを入れて混ぜると，もとのコーヒーに戻せない．しかし，本当に戻せないのか？　割れた皿は，もう一度それぞれの部分を溶解させて作りなおせば，もとに戻せるのでないか，コーヒーとミルクを分離したければ，適当な濾過装置を使えば分離できるのでないか．もとに戻せない，という言葉だけでは，あいまいである．そこで，まず，**熱力学における不可逆性**を定義したい．

　簡単な例をみてみよう．断熱壁で囲まれた流体を考える．最初，平衡状態にあったとしよう．流体をかき混ぜて放置すると，最初より高温の平衡状態に遷移する（cf. 前提 3.1）．この状態から，最初の平衡状態に戻すにはどう

すればよいか．低温熱源を使って冷やせば，もとに戻るのは明らかだが，断熱環境において力学装置だけで温度をさげることを考えたい．これができないのである．

「できないこと」があるのは，「断熱環境で力学装置だけを使って」，という条件をつけているからである．この例を踏まえて，次のように不可逆性を定義する．

定義 5.1 (不可逆過程) ある断熱過程に対して，始状態と終状態を入れ換えた断熱過程を実現できるなら，その過程を可逆過程とよぶ．可逆過程でない断熱過程を不可逆過程とよぶ．

この定義からわかるように，本書では，断熱過程以外の過程に対しては，可逆過程と不可逆過程の分類[1]をしない．定理 2.2（準静的過程の可逆性）より，次の定理がわかる．

定理 5.1 (可逆過程の存在) 断熱準静的過程は可逆過程である．

つまり，既に可逆過程の例を知っているのである．そして，上の例は，不可逆過程の例になっている．主張を明確に表現して，その証明をしておく．

定理 5.2 (不可逆過程の存在) $T_1 > T_0$ を満たす任意の温度 T_1, T_0 に対して，

$$(T_0, V) \stackrel{\mathrm{a}}{\to} (T_1, V) \tag{5.1}$$

は不可逆過程である．

---

[1] 文献によっては，定理 2.2（準静的過程の可逆性）より，準静的過程を可逆過程とよぶこともある．そこでは，状態がもとに戻る，という意味の「可逆」ではなく，力学装置に仕事として渡すエネルギーがもとに戻るという意味で「可逆」が使われている．両者は部分的に関係しているが，概念的には別物である．本書では，準静的過程を可逆過程とよばずに，「可逆過程」とは定義 5.1 の意味においてのみ使い，準静的過程の可逆性が問題になる場合には，今までと同様に，「準静的過程の可逆性」と明示する．また，運動方程式の可逆性は，熱力学の可逆性と関係がない．

(証明)

まず,前提 3.1 より,断熱過程 (5.1) を実現することができる.次に,終状態の体積を始状態の値に戻して,温度をさげる断熱過程

$$(T_1, V) \stackrel{\mathrm{a}}{\to} (T_0, V) \tag{5.2}$$

があったとしよう.$T_1 > T_0$ より,この過程で力学装置が流体にする断熱仕事 W は

$$W = U(T_0, V) - U(T_1, V) < 0 \tag{5.3}$$

である.ここで,定理 3.1 (内部エネルギーの温度の単調増加性) を使った.一方,温度 T_1 の等温環境にこの流体をおいて,断熱壁で囲んで断熱過程 (5.2) を実現させた後に,断熱壁をはずして等温環境にさらすと,等温過程[2]

$$(T_1, V) \stackrel{\mathrm{a}}{\to} (T_0, V) \stackrel{\mathrm{ex}}{\to} (T_1, V) \tag{5.4}$$

を実現することができる.($\stackrel{\mathrm{ex}}{\to}$ については,2.4.3 節参照.)壁の出し入れにともなう仕事は 0 なので,この過程で力学装置がする仕事は W だけであり,(5.3) 式より負になる.過程 (5.4) では状態はもとに戻っており,その過程で力学装置がする仕事が負になっているのは,ケルビンの原理に反する.したがって,背理法により,断熱過程 (5.2) は存在しない.ゆえに,過程 (5.1) は不可逆過程である.(証明終り)

5.2 エントロピーの本質

定理 5.1 と定理 5.2 を組み合わせれば,断熱過程で遷移できる状態対の条件について,さらに議論をすすめることができる.しかし,流体の配置がこみ入ってくるにつれて,個別の議論が難しくなってくる.たとえば,$T_1 < T < T_2$ に対して,状態 $\{(T_1, V), (T_2, V)\}$ から状態 $\{(T, V), (T, V)\}$ へ断熱過程で遷移できるかどうかを考えてみよう (cf. 図 5.1).1 つの流体の状態変化は,$(T_1, V) \to (T, V)$ なので,定理 5.2 より,その流体単独の断熱過程として実

---

[2] この等温過程は,等温準静的過程ではない.cf. 2.4.3 節.

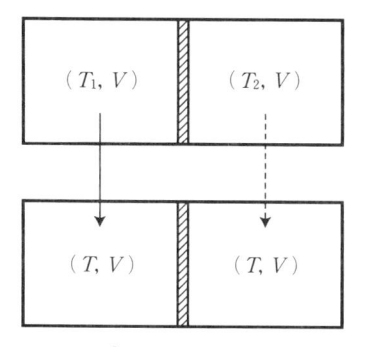

5.2 エントロピーの本質

図 5.1 $\{(T_1,V),(T_2,V)\} \stackrel{a}{\to} \{(T,V),(T,V)\}$ が実現できるなら，実線で示されている不可逆過程が，単独では実現できない点線で示される過程を補償する．

現できるが，他方の流体の状態変化は，$(T_2,V) \to (T,V)$ なので，単独の断熱過程では実現できない．つまり，単独で実現できない断熱過程と実現できる断熱過程を組み合わせた過程の実現可能性を問題にしている．もし，この複合状態間の過程が断熱過程として実現できたとき，単独で実現できる過程が他方の実現できない過程を**補償**した，と解釈できる．

そこで，この補償したりされたりするものを定量化できれば，複合状態対に対して，断熱過程が実現可能かどうか，を簡単に議論できるようになる．具体的に，補償されるのは「不可逆性の尺度」というべき量であり，不可逆過程に対して正の値を，可逆過程に対して 0 をとり，断熱過程として実現できない過程に負の値を割り振る．そして，「不可逆性の尺度」の補償という考えかたが有効であれば，複合状態間の過程が断熱過程として実現できるかどうかは，それを構成する各々の単純状態間の過程の「不可逆性の尺度」の和が非負かどうかで決まるはずである．さらに，「不可逆性の尺度」が始状態と終状態だけで決まるなら，それは，相加性をもつ状態変数の差として書けるだろう．

以上の期待が成り立つことは，これまでの前提から示すことができる．それどころか，その期待は，熱力学の骨格をなすものであり，「法則」の 1 つとして位置づけられる．

68　第 5 章　エントロピー

法則 2 (熱力学第 2 法則)　ある平衡状態から別の平衡状態へ断熱過程で遷移できるための必要十分条件をその大小関係で表現できる示量変数 S がある．その示量変数は，値の相加的なずらしと大きさの尺度のとりかえにともなう任意性を除いて一意に決まる．

3.2 節の熱力学第 1 法則の表現と比べられたい．そこでは，内部エネルギーという示量変数 U が本質的に一意に定まることが主張された．それに対し，熱力学第 2 法則では，新しい示量変数 S が本質的に一意に決まる．この変数 S がエントロピーである．

以下では，これまでの前提にもとづいて，熱力学第 2 法則が成り立つことを示す．まず，熱力学第 2 法則で主張されるような変数 S があるなら，可逆過程で値が変化しない．このことに着目して，次の定理[3]を得る．

定理 5.3 (エントロピーと熱)　基準となる断熱曲線 $V = V_0(T)$ を任意に選ぶ．可逆過程で値が変化しない示量変数 S があるなら，$S(T,V)$ は

$$S(T,V) = aN + b\frac{Q[T, V_0(T) \xrightarrow{\text{iqs}} V]}{T} \qquad (5.5)$$

を満たさなければならない．ただし，a, b は示強的な任意定数である．

この定理により，熱力学第 2 法則で主張されている S の本質的な一意性がわかる．本書では，(5.5) 式をエントロピー S の定義とする．特に，$b = 1$ に固定すると，基準の断熱曲線の選択に応じた任意性を残すだけである．以下，(5.5) 式で $b = 1$ を仮定[4]する．

等温準静的熱と断熱曲線は，状態方程式と熱容量から決まるので，エントロピー $S(T,V)$ は，物質の熱力学的性質から決めることができる．そして，実際に，(5.5) 式で与えられたエントロピー $S(T,V)$ が熱力学第 2 法則を満たす

---

[3]この定理の背景については，本書の「おわりに」を参照．
[4]b の符号は任意である．それゆえ，たとえば，$b = -1$ とおくこともできる．その場合には，定理 5.6 のエントロピー増大則の代わりに，エントロピー減少則を得ることになる．

こともわかる．単純状態間の断熱過程に限定して，エントロピーの性質（定理 5.4, 定理 5.5）とともに，定理 5.6, 定理 5.7 としてまとめておく．（これらの定理を一般化することもできる．cf. 問題 5.7.）

定理 5.4 (エントロピーと断熱曲線) エントロピー $S(T,V)$ は任意の断熱曲線に沿って一定の値をとる．

定理 5.5 (エントロピーと温度) エントロピー $S(T,V)$ は温度 T の単調増加関数である．

定理 5.6 (エントロピー増大則) 任意の断熱過程 $(T_0, V_0) \xrightarrow{\mathrm{a}} (T_1, V_1)$ に対して，エントロピー S は
$$S(T_1, V_1) \geq S(T_0, V_0) \tag{5.6}$$
を満たす．

定理 5.7 (断熱過程の実現可能性) (5.6) 式を満たす任意の状態対 (T_0, V_0), (T_1, V_1) に対して，断熱過程 $(T_0, V_0) \xrightarrow{\mathrm{a}} (T_1, V_1)$ を実現できる．

5.3 証明

5.3.1 エントロピーと熱

同じ物質からなる 2 つの流体に対して不可逆過程を考え，その 1 つの不可逆過程と他方の逆過程が過不足なく補償しあう情況を作ることによって，複合状態間を遷移する可逆過程を構成する．

図 5.2 のように，2 つの断熱曲線 $V = V_0(T), V = V_1(T)$ を
$$Q_{01}(T) = Q[T, V_0(T) \xrightarrow{\mathrm{iqs}} V_1(T)] > 0 \tag{5.7}$$
を満たすように選ぶ．定義 4.3（絶対温度）より，基準温度 T_* に対して，
$$Q_{01}(T) = \frac{T}{T_*} Q_{01}(T_*) \tag{5.8}$$

70　第5章　エントロピー

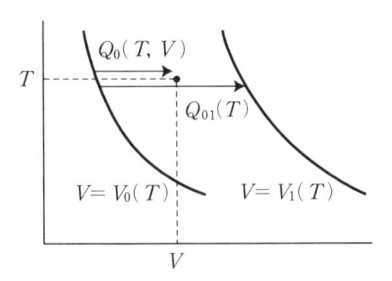

図 5.2 エントロピーと熱の関係の証明の補助グラフ．2つの等温準静的過程を組み合わせて，温度が一定の断熱準静的過程を作る．

となるので，その基準温度 T_* で (5.7) 式の符号を確認して，断熱曲線を決めればよい．(実際に選べることは，問題 4.7 を参照．) 断熱曲線上は可逆過程で変化できるので，S はその曲線上で一定，つまり，

$$S(T, V_0(T)) = S_0 \tag{5.9}$$

$$S(T, V_1(T)) = S_1 \tag{5.10}$$

となる定数 S_0, S_1 が存在する．

等温準静的過程 $(T, V_0(T)) \xrightarrow{\text{iqs}} (T, V)$ で熱源からもらう熱を $Q_0(T, V)$ と記す．すなわち，

$$Q_0(T, V) = Q[T, V_0(T) \xrightarrow{\text{iqs}} V] \tag{5.11}$$

ここで，前章のカルノーの定理を証明したように，2つの等温準静的過程 $(T, V_0(T)) \xrightarrow{\text{iqs}} (T, V)$, $(T, V_0(T)) \xrightarrow{\text{iqs}} (T, V_1(T))$ を組み合わせて，熱源と熱の出入りをなくすことを考える．

具体的には，$Q_0(T, V) > 0$ のとき，温度 T の等温準静的過程

$$\{(T, V_0(T); N), (T, \alpha V_1(T); \alpha N)\} \xrightarrow{\text{iqs}} \{(T, V; N), (T, \alpha V_0(T); \alpha N)\} \tag{5.12}$$

を考える．ここで，α 倍した系を考えたので，物質量依存性も明示的に書いた．(物質の種類は共通なので，明示的に書いていない．) この過程で熱源から受けとる熱は，準静的熱の相加性と示量性より (cf. 3.2 節)，

$$Q_0(T, V) - \alpha Q_{01}(T) \tag{5.13}$$

になる．したがって，
$$\alpha = \frac{Q_0(T,V)}{Q_{01}(T)} \tag{5.14}$$
とおくと，過程 (5.12) で熱源から受けとる熱は 0 になる．それぞれの単純状態間の過程が準静的過程なので，熱の出入りの総和だけでなく，過程の間ずっと打ち消すように操作できると考えてよいだろう[5]．つまり，α を (5.14) 式のように選ぶとき，過程 (5.12) を熱源から遮断した断熱環境でも実現できる．すなわち，断熱準静的過程

$$\{(T, V_0(T); N), (T, \alpha V_1(T); \alpha N)\} \xrightarrow{\text{aqs}} \{(T, V; N), (T, \alpha V_0(T); \alpha N)\} \tag{5.15}$$

を実現できることになる．断熱準静的過程は可逆過程なので，過程 (5.15) は可逆過程である．

さて，可逆過程で一定の値をとる示量変数 S は，可逆過程 (5.15) で変化してはならない．したがって，S の相加性と示量性より導かれる等式

$$S(\{(T, V_0(T); N), (T, \alpha V_1(T); \alpha N)\}) = S_0 + \alpha S_1 \tag{5.16}$$
$$S(\{(T, V; N), (T, \alpha V_0(T); \alpha N)\}) = S(T, V) + \alpha S_0 \tag{5.17}$$

に注意して，

$$S(T, V) = S_0 + \alpha(S_1 - S_0) \tag{5.18}$$
$$= S_0 + \frac{Q_0(T,V)}{Q_{01}(T)}(S_1 - S_0) \tag{5.19}$$
$$= aN + b\frac{Q[T, V_0(T) \xrightarrow{\text{iqs}} V]}{T} \tag{5.20}$$

を得る．第 2 式には (5.14) 式を使い，第 3 式には (5.11) 式と (5.8) 式を使った．ただし，

$$a = \frac{S_0}{N} \tag{5.21}$$
$$b = \frac{(S_1 - S_0)T_*}{Q_{01}(T_*)} \tag{5.22}$$

---

[5] 「だろう」という弱い形にひっかかったかもしれない．本当にそのような操作ができることを今までの前提で論理的に示せるわけではない．より完璧な議論については，[5] を参照．

72　第5章　エントロピー

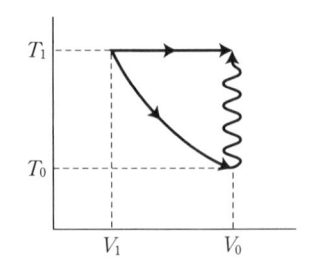

図 5.3 定理 5.5 (エントロピーと温度) 証明の補助グラフ．実線は準静的過程をあらわす．断熱壁をはずして，等温環境にさらすことによって実現する過程を波線で描いている．

とおいた．以上の議論では，$Q_0(T,V) > 0$ が仮定されていた．$Q_0(T,V) < 0$ の場合には，複合状態間の過程 (5.12) をすこし変更すると，同様な議論より，同じ結果を得る．以下では，$b = 1$ と選ぶ．a は任意定数のままである．

5.3.2 エントロピーと断熱曲線

任意の断熱曲線を $V = V_2(T)$ とする．この曲線上の任意の 2 状態 $(T_0, V_2(T_0))$, $(T_1, V_2(T_1))$ のエントロピー差は

$$S(T_0, V_2(T_0)) - S(T_1, V_2(T_1)) \tag{5.23}$$

$$= \frac{Q[T_0, V_0(T_0) \xrightarrow{\text{iqs}} V_2(T_0)]}{T_0} - \frac{Q[T_1, V_0(T_1) \xrightarrow{\text{iqs}} V_2(T_1)]}{T_1} \tag{5.24}$$

$$= 0 \tag{5.25}$$

になる．最後の式を得るには，定理 4.6 (絶対温度と熱) を使った．

5.3.3 エントロピーと温度

T_0, T_1 を $T_0 < T_1$ を満たす任意の温度とする．任意の V_0 に対して

$$S(T_1, V_0) - S(T_0, V_0) > 0 \tag{5.26}$$

を示したい．

図 5.3 のように，V_1 を断熱準静的過程 $(T_0, V_0) \xrightarrow{\text{aqs}} (T_1, V_1)$ を実現する体積として定義する (cf. 前提 3.5)．温度 T_1 の等温環境で，状態 (T_1, V_1) にあ

る流体を断熱壁で囲んで，温度が T_0 になるまで，断熱準静的過程で遷移させる．このとき，体積は V_0 である．その後，断熱壁を除去すると，温度は T_1 になる．つまり，過程

$$(T_1, V_1) \xrightarrow{\text{aqs}} (T_0, V_0) \xrightarrow{\text{ex}} (T_1, V_0) \tag{5.27}$$

を実現できる．この過程で温度 T_1 の熱源から吸収する熱を考えよう．最初の断熱準静的過程では，断熱されているので，吸収する熱は 0 である．断熱壁を除去するのに必要な仕事は 0 だから，内部エネルギーの増加分 $U(T_1,V_0)-U(T_0,V_0)$ だけ，熱を吸収する．全過程は，温度 T_1 の等温過程[6]と考えてよいので，定理 4.2（最大吸熱の原理）より，この熱は等温準静的熱を超えることはない．つまり，

$$U(T_1, V_0) - U(T_0, V_0) \leq Q[T_1, V_1 \xrightarrow{\text{iqs}} V_0] \tag{5.28}$$

が成り立つ．ここで右辺の準静的熱は，エントロピーを使って

$$Q[T_1, V_1 \xrightarrow{\text{iqs}} V_0] = T_1(S(T_1, V_0) - S(T_1, V_1)) \tag{5.29}$$

$$= T_1(S(T_1, V_0) - S(T_0, V_0)) \tag{5.30}$$

と書ける．ここで，定理 5.3，定理 5.4 を使った．したがって，

$$U(T_1, V_0) - U(T_0, V_0) \leq T_1(S(T_1, V_0) - S(T_0, V_0)) \tag{5.31}$$

を得る．内部エネルギーは温度の単調増加関数（cf. 定理 3.1）なので，$U(T_1,V_0)-U(T_0,V_0) > 0$ である．ゆえに，(5.26) 式が成り立つ．

5.3.4 エントロピー増大則

任意の断熱過程 $(T_0, V_0) \xrightarrow{\text{a}} (T_1, V_1)$ でエントロピーが減らないこと，つまり，

$$S(T_1, V_1) \geq S(T_0, V_0) \tag{5.32}$$

を示したい．

---

[6]この等温過程は，等温準静的過程ではない．cf. 2.4.3 節．

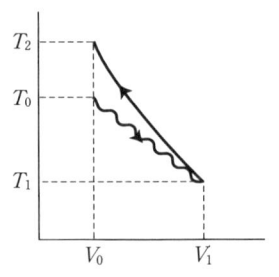

図 5.4 定理 5.6（エントロピー増大則）証明の補助グラフ．一般の断熱過程を波線であらわし，この断熱過程でエントロピーが減らないことを，実線の準静的過程を使って示す．

図 5.4 のように，状態 (T_1, V_1) から断熱準静的過程で体積を V_0 にすることができる．このときの温度を T_2 とすると，断熱過程

$$(T_0, V_0) \xrightarrow{a} (T_1, V_1) \xrightarrow{aqs} (T_2, V_0) \tag{5.33}$$

を実現できる．定理 5.2 で示されたように，始状態と終状態の体積が等しい条件で，温度をさげることはできないから，$T_2 \geq T_0$ でなければならない．よって，定理 5.5 より，不等式

$$S(T_2, V_0) \geq S(T_0, V_0) \tag{5.34}$$

を得る．定理 5.4 より，

$$S(T_1, V_1) = S(T_2, V_0) \tag{5.35}$$

なので，(5.32) 式が示された．

5.3.5　断熱過程の実現可能性

2つの状態 (T_0, V_0), (T_1, V_1) が (5.32) 式を満たすなら，断熱過程 $(T_0, V_0) \xrightarrow{a} (T_1, V_1)$ を実現できることを示したい．

図 5.5 のように，断熱準静的過程 $(T_0, V_0) \xrightarrow{aqs} (T_3, V_1)$ を実現できるので，

$$S(T_1, V_1) \geq S(T_0, V_0) = S(T_3, V_1) \tag{5.36}$$

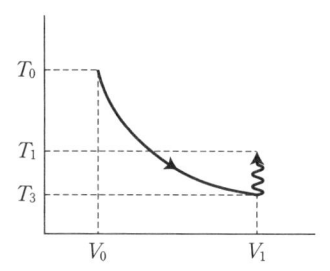

図 5.5 定理 5.8（断熱過程の実現可能性）証明の補助グラフ．(5.32) 式を満たす 2 つの状態 $(T_0, V_0), (T_1, V_1)$ について，状態 (T_0, V_0) から状態 (T_1, V_1) へ，断熱準静的過程（実線）と断熱環境で温度をあげる過程（cf. 前提 3.1）で，遷移させることができる．

が成り立つ．定理 5.5 より，S は温度 T の単調増加関数だから，$T_1 \geq T_3$ を得る．ところで，前提 3.1 により，始状態と終状態の体積が等しい条件で，温度をあげることができる．したがって，断熱過程

$$(T_0, V_0) \xrightarrow{\text{aqs}} (T_3, V_1) \xrightarrow{\text{a}} (T_1, V_1)$$

を実現できる．

5.4 例: 理想気体のエントロピー

理想気体の断熱曲線は $T^c V = \text{const.}$ と書けるので（cf. (3.29) 式），基準となる断熱曲線を

$$V_0(T) = a_0 T^{-c} N$$

とおく．ただし，a_0 は示強的な定数である．理想気体の等温準静的熱の式 (4.4) より，

$$Q[T, V_0(T) \xrightarrow{\text{iqs}} V] = NRT \log \frac{V}{V_0(T)} \qquad (5.37)$$

$$= NRT \log \frac{T^c V}{N} - NRT \log a_0 \qquad (5.38)$$

を得る．したがって，定理 5.3 で与えられた，エントロピーの定義式より，

$$S(T, V) = a_1 N + NR \log \frac{T^c V}{N} \qquad (5.39)$$

となる.ここで, a_1 は任意定数である.(断熱曲線の任意性からくる a_0 とエントロピーの定義の任意性からくる a を使うと, $a_1 = a - R\log a_0$ と書ける.)

5.5 完全な熱力学関数

定理 5.5 (エントロピーと温度) より, S は T の単調増加関数なので, S と T は 1 対 1 に対応する.したがって,平衡状態を (T, V) の代わりに (S, V) で記述し,内部エネルギー U を $U(S, V)$ のように, (S, V) の関数として考えることができる. (T, V) の関数としての内部エネルギー $U(T, V)$ と異なり,関数 $U(S, V)$ は特別な意味をもっている.結論を先に書こう.

定理 5.8 (熱力学関数 $U(S, V)$ の完全性) 内部エネルギー U が (S, V) の関数として与えられるとき,その物質の状態方程式と熱容量が決まる.

$U(T, V)$ はこのような性質をもたない.3章で,状態方程式と熱容量が決まれば, $U(T, V)$ が求まることを説明した.しかし,逆は成り立たない.定理 3.2 (エネルギー方程式) の形からわかるように, $U(T, V)$ が与えられても, P と T の関係は微分方程式になっているので,積分定数の任意性が残るからである.それに対して, $U(S, V)$ の完全性は, U の引数に関する偏微分の結果が,次のように微分を含まないことからわかる.

$$\left(\frac{\partial U}{\partial V}\right)_S = -P \quad (5.40)$$

$$\left(\frac{\partial U}{\partial S}\right)_V = T \quad (5.41)$$

これらの式を示した後で,定理 5.8 の証明をする.

((5.40) 式の証明)
S を一定にして体積 V をすこし変化させたときの内部エネルギーの変化 ΔU を求める. S を一定にした条件での体積変化とは,断熱準静的変化に他ならない (cf. 定理 5.4).したがって,その条件での ΔU は力学装置のする

断熱準静的仕事と等しいので，

$$\Delta U = W[(T,V) \xrightarrow{\text{aqs}} (T+\Delta T, V+\Delta V)] \qquad (5.42)$$
$$= -P\Delta V + o(\Delta V) \qquad (5.43)$$

が成り立つ（cf. 定義 2.3）．$\Delta V \to 0$ で (5.40) 式になる． （証明終り）

((5.41) 式の証明)

(5.31) 式が V_1 に依存しないことに着目して，T_0 と T_1 を入れ替えた議論を行う．図 5.6 のように，状態 (T_1, V_0) から断熱準静的過程で温度 T_0 まで変化させ（cf. 前提 3.5），このときの体積を V_2 とする．(5.31) 式を導いたときと同様にして，

$$U(T_0, V_0) - U(T_1, V_0) \le T_0(S(T_0, V_0) - S(T_0, V_2)) \qquad (5.44)$$
$$= T_0(S(T_0, V_0) - S(T_1, V_0)) \qquad (5.45)$$

がわかる．(5.31) 式とあわせて，不等式

$$T_0(S(T_1, V_0) - S(T_0, V_0)) \le U(T_1, V_0) - U(T_0, V_0) \le T_1(S(T_1, V_0) - S(T_0, V_0)) \qquad (5.46)$$

が成り立つ．$T_1 - T_0$ で割って，$T_1 \to T_0$ の極限をとることにより，

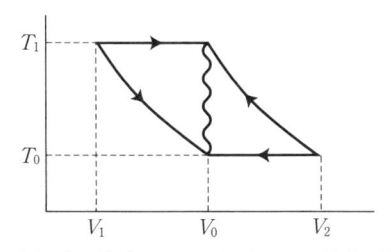

図 **5.6** (5.41) 式証明の補助グラフ．温度 T_0 の最大吸熱の原理と温度 T_1 の最大吸熱の原理で内部エネルギー差をエントロピーではさみ込む．

第5章 エントロピー

$$T\left(\frac{\partial S}{\partial T}\right)_V = \left(\frac{\partial U}{\partial T}\right)_V \tag{5.47}$$

を得る．したがって，

$$\left(\frac{\partial U}{\partial S}\right)_V = \left(\frac{\partial U}{\partial T}\right)_V \left(\frac{\partial T}{\partial S}\right)_V \tag{5.48}$$

$$= T \tag{5.49}$$

となる．(最後の式を得るには，付録 (A.9) 式を使う．)

(証明終り)

(定理 5.8 の証明)

まず，状態方程式は，(5.40), (5.41) 式から S を消去すれば求まる．次に，熱容量は (5.47) 式より，

$$C = \left(\frac{\partial U}{\partial T}\right)_V \tag{5.50}$$

$$= T\left(\frac{\partial S}{\partial T}\right)_V \tag{5.51}$$

と書けること，および，

$$\left(\frac{\partial S}{\partial T}\right)_V = \left(\frac{\partial T}{\partial S}\right)_V^{-1} \tag{5.52}$$

$$= \left(\frac{\partial^2 U}{\partial S^2}\right)^{-1} \tag{5.53}$$

によりわかる（cf. 付録 (A.9) 式）. (証明終り)

5.5.1 完全な熱力学関数（その 2）

定理 3.1（内部エネルギーの温度単調性）より，U と T は 1 対 1 に対応する．したがって，平衡状態を (U,V) で記述し，エントロピー S を $S(U,V)$ のように，(U,V) の関数として考えることができる．この関数も完全な熱力学関数である．

定理 5.9 (熱力学関数 $S(U,V)$ の完全性) エントロピー S が (U,V) の関数として与えられるとき，その物質の状態方程式と熱容量が決まる．

定理 5.8 の証明と同様に，S の引数に関する偏微分の結果が，次のように微分を含まないことから完全性がわかる．

$$\left(\frac{\partial S}{\partial V}\right)_U = \frac{P}{T} \tag{5.54}$$

$$\left(\frac{\partial S}{\partial U}\right)_V = \frac{1}{T} \tag{5.55}$$

付録で示されている偏微分の関係式 (A.9), (A.11) を使って，(5.40), (5.41) 式が使えるように変形すれば，これらの式を導出できる．読者の練習問題とする．

5.5.2 完全な熱力学関数の意義

完全な熱力学関数がわかれば，物質の熱力学的性質がわかる，という意義は大きい．本書では，物質の熱力学的性質を前提に議論を展開しているが，逆に，物質の熱力学的性質を知りたいときがある．あるいは，物質の熱力学的性質が異常な振舞いを示すとき，その機構を知りたいときもある．そういう場合，完全な熱力学関数を考察することができれば，すべての熱力学的性質をまとめて議論できることになる．

実は，分子などのより微視的な世界のモデルにもとづいて，完全な熱力学関数を計算する理論形式がある．この理論形式は，統計力学とよばれ，物質の熱力学的性質を理論的に考察する標準的な枠組を与えている．しかし，統計力学があって，熱力学が体系化されたのではない．熱力学的現象を徹底的に整理し，熱力学法則を確立したからこそ，物質の性質をより微視的に捉えることが可能になったのである．熱力学の発展の中で，エントロピーが見い出されなかったら，統計力学はなかったであろう．

5.6　例: 可逆熱接触

1.3.1 節でとりあげた問題を考えよう．この問題で許された操作は，仕切り壁の出し入れとピストンを動かすことだった．流体全体は断熱されているので，この問題は断熱過程で遷移できる条件を問うている．定理 5.5, 定理 5.6 により，エントロピーを使えば，この条件をただちに求めることができる．熱

80　第5章　エントロピー

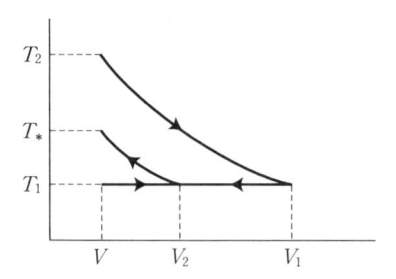

図 5.7 可逆熱接触の具体的操作．すべて準静的過程で行う．

力学第2法則を使う典型的な応用問題である．熱力学の言葉でこの問題を書き直し，エントロピーを使って問題を考えよう．

断熱過程
$$\{(T_1, V), (T_2, V)\} \stackrel{a}{\to} \{(T_3, V), (T_3, V)\} \tag{5.56}$$

が実現できたとする．T_3 のとりうる値の範囲を求めよ．また，この断熱過程が可逆過程になる T_3 の値 T_* を求めよ．ただし，流体を理想気体だと仮定してよい．

(解答)

断熱過程 (5.56) を実現できるための必要十分条件は，熱力学第2法則より，

$$S(T_1, V) + S(T_2, V) \leq 2S(T_3, V) \tag{5.57}$$

である．また，T_* は，逆の不等号も同時に成立する T_3 の値だから，上の式で等号が成立する T_3 として求まる．流体を理想気体だと仮定しているので，理想気体のエントロピーの式 (5.39) を代入すると，

$$\log T_1 + \log T_2 \leq 2 \log T_3 \tag{5.58}$$

となる．したがって，

$$T_3 \geq \sqrt{T_1 T_2} \tag{5.59}$$

が求める範囲である．また，$T_* = \sqrt{T_1 T_2}$ である．　　　　　　　　（解答終り）

熱力学第2法則の結果として，可逆熱接触が可能であることがわかったとしても，どのような可逆過程で実現できるのか不思議に思うかもしれない．そこで，可逆熱接触を実現する過程を具体的に構成しよう（cf. 図5.7）．断熱準静的過程は可逆過程なので，断熱準静的過程で始状態から終状態に変化させればよい．まず，温度 T_2 の流体の体積をゆっくり変化させて，断熱準静的過程

$$(T_2, V) \xrightarrow{\text{aqs}} (T_1, V_1) \tag{5.60}$$

を実現する．このとき，理想気体の断熱曲線の式 (3.29) より，

$$T_2^c V = T_1^c V_1 \tag{5.61}$$

が成り立つ．次に，断熱準静的過程

$$\{(T_1, V), (T_1, V_1)\} \xrightarrow{\text{aqs}} \{(T_1, V_2), (T_1, V_2)\} \tag{5.62}$$

を構成する．まず，勝手な V_2 に対して，温度 T_1 の等温環境下で等温準静的過程

$$\{(T_1, V), (T_1, V_1)\} \xrightarrow{\text{iqs}} \{(T_1, V_2), (T_1, V_2)\} \tag{5.63}$$

を実現できる．このとき，熱源から吸収する熱は，

$$Q[\{(T_1, V), (T_1, V_1)\} \xrightarrow{\text{iqs}} \{(T_1, V_2), (T_1, V_2)\}] \tag{5.64}$$

$$= Q[T_1, V \xrightarrow{\text{iqs}} V_2] + Q[T_1, V_1 \xrightarrow{\text{iqs}} V_2] \tag{5.65}$$

である．ここで，理想気体の等温準静的熱の式 (4.4) を使って，この熱が 0 になるように V_2 を決める．簡単な計算で

$$V_2 = \sqrt{V V_1} \tag{5.66}$$

を得る．また，理想気体では，$Q[T, V_0 \xrightarrow{\text{iqs}} V]$ は V の単調増加関数なので，1つの箱の体積の増加と他方の体積の減少をうまく調節することにより，(5.66)

式で選んだ V_2 に対して，準静的過程 (5.63) の間中ずっと熱のやりとりを 0 にすることができる．したがって，この準静的過程は，断熱壁で囲んでも実現できる．つまり，断熱準静的過程 (5.62) を実現できる．

さて，断熱準静的過程 (5.62) の後，それぞれの箱に対して，断熱準静的過程

$$(T_1, V_2) \xrightarrow{\text{aqs}} (T_*, V) \tag{5.67}$$

で体積を V にする．このとき，理想気体の断熱曲線の式 (3.29) より，

$$T_1^c V_2 = T_*^c V \tag{5.68}$$

が成り立つ．(5.61), (5.66), (5.68) 式より，

$$T_* = \sqrt{T_1 T_2} \tag{5.69}$$

を得る．これは，熱力学第 2 法則を使って計算した結果と一致している．

以上の可逆過程の構成は，エントロピーの熱による表現を与えた定理 5.3 の証明と本質的に同じである．

演習問題

5.1 ファンデルワールス気体のエントロピー $S(T, V)$ を求めよ（cf. 問題 2.1, 問題 3.3, 問題 4.3）．

5.2 1.3.2 節の問題 2 のばねに対して，エントロピー $S(T, x)$ を求めよ（cf. 問題 2.3, 問題 3.5, 問題 4.4）．

5.3 断熱自由膨張が不可逆であることを示せ．(断熱自由膨張の定義は 3.2.1 節を参照．) 理想気体について示した後で，一般の流体の場合を考えよ．ただし，流体の圧力は正と仮定してよい．

5.4 自由熱接触過程

$$\{(T_1, V_1; A_1, N_1), (T_2, V_2; A_2, N_2)\} \xrightarrow{a} \{(T_*, V_1; A_1, N_1), (T_*, V_2; A_2, N_2)\} \tag{5.70}$$

を考える（cf. 問題 2.2）．この過程が不可逆過程であることを示せ．理想気体について示した後で，一般の流体の場合を考えよ．

演習問題　83

5.5　(T,V) の関数として与えられるエントロピー $S(T,V)$ は完全な熱力学関数でないことを示せ．

5.6　体積一定のもとでの，エントロピーの温度依存性が

$$S(T_1, V) - S(T_0, V) = \int_{T_0}^{T_1} dT \frac{C(T,V)}{T} \tag{5.71}$$

で決まることを示せ．(ヒント：(5.51) 式．)

5.7　定理 5.6, 定理 5.7 は，次のように一般化できることを示せ．([5] を参照．)

- **一般的な熱力学第 2 法則**

  $X_i = (V_i; \{A_i, N_i\})$ とする．なんらかの力学的操作で，$(X_1, \cdots, X_n)$ から $(X_1, \cdots, X_m)$ に遷移できるとする．n, m は勝手な整数であり，壁の出し入れ操作があるので，一般には，$n \neq m$ である．このとき，断熱過程

  $$\{(T_1, X_1), \cdots, (T_n, X_n)\} \stackrel{a}{\to} \{(T_1, X_1), \cdots, (T_m, X_m)\} \tag{5.72}$$

  を実現可能であることと，不等式

  $$S(\{(T_1, X_1), \cdots, (T_n, X_n)\}) \leq S(\{(T_1, X_1), \cdots, (T_m, X_m)\}) \tag{5.73}$$

  が成立することは同値である．

（ヒント：単純状態間の断熱過程に制限した熱力学第 2 法則（定理 5.6, 定理 5.7）を単温度状態間の過程に関する熱力学第 2 法則に拡張する．それぞれの箱を断熱準静的変化させ温度をそろえて，大きな単温度状態を作り，単温度状態の熱力学第 2 法則に帰着させる．）

第6章

熱力学関係式

　自由に使えるエネルギーという意味をもち，完全な熱力学関数の1つである，自由エネルギーを定義する．種々の熱力学関係式を簡単に見渡せるように，微分形式による熱力学等式を説明する．また，温度に依存するばね定数をもつばねの温度上昇や相転移にともなう熱を例にとりあげ，熱力学関係式の有用性を示す．

6.1　自由エネルギー

6.1.1　定義

　等温過程で力学装置が流体に仕事をされて，エネルギーを受けとったとしよう．力学装置がその預ったエネルギーだけを使って，流体の状態をもとに戻そうとするとき，預ったエネルギーを残すことはできない (cf. 前提 4.2（ケルビンの原理））．ただし，力学装置が精いっぱいのエネルギーを受けとり，流体に無駄なく返すことは可能である．この過不足のないエネルギーのやりとりを，自由に出し入れのできるエネルギーと解釈して，自由エネルギーとよぶ．

定義 6.1 (自由エネルギー（温度固定))　任意の温度 T に対して，基準状態

$(T, V_*(T))$ を適当に決める．温度 T ごとに体積の基準を選ぶので，その依存性を明示的に書いた．この状態の自由エネルギーを $F_*(T)$ とする．状態 (T, V) の自由エネルギー F を

$$F(T, V) = F_*(T) + W[T, V_*(T) \xrightarrow{\text{iqs}} V] \tag{6.1}$$

と定義する．

右辺の等温準静的仕事が始状態と終状態だけで決まることより（cf. 定理 4.1），自由エネルギーは状態変数である．また，準静的仕事の相加性と示量性より（cf. 2.5 節），**自由エネルギーは示量変数である**．

内部エネルギーの定義（cf. (3.6) 式）と比べられたい．形式上の類似から 3.2 節の（証明）と同様な議論を繰り返すことにより，次の定理を得る．

定理 6.1 (自由エネルギー差と等温準静的仕事)

$$F(T, V_1) - F(T, V_0) = W[T, V_0 \xrightarrow{\text{iqs}} V_1] \tag{6.2}$$

さらに，自由エネルギーを使うと，定理 4.1（最小仕事の原理）は，次のように書ける．

定理 6.2 (最小仕事の原理（自由エネルギー版）)

$$W[T, V_0 \xrightarrow{\text{i}} V_1] \geq F(T, V_1) - F(T, V_0) \tag{6.3}$$

この定理は，等温過程で力学装置のする仕事は，始状態と終状態の自由エネルギー差より大きいか等しい，ということを意味する．

ここで定義した自由エネルギーは，文献によっては，ヘルムホルツの自由エネルギーとよばれる．ギブスの自由エネルギーとよばれる別の自由エネルギーがあるために区別しているのだが，本書では，ギブスの自由エネルギーは登場しないので，ヘルムホルツの自由エネルギーのことを単に自由エネルギーとよぶ．

6.1.2 任意性の固定

自由エネルギー F の T 依存性は,定義 6.1 では決まらないが,定理 6.1 により,この不定性は,勝手な基準で選ばれた自由エネルギーに対して,相加的に加わる T の任意関数として書かれるはずである.この任意性を固定しよう.

まず,等温準静的過程 $(T, V_0) \xrightarrow{\text{iqs}} (T, V_1)$ で熱源からもらう熱はエントロピー変化と関係し,力学装置がする仕事は自由エネルギー変化と関係していた.具体的には,

$$Q[T, V_0 \xrightarrow{\text{iqs}} V_1] = T(S(T, V_1) - S(T, V_0)) \tag{6.4}$$

$$W[T, V_0 \xrightarrow{\text{iqs}} V_1] = F(T, V_1) - F(T, V_0)) \tag{6.5}$$

が成り立つ.一方,流体の内部エネルギー変化は,熱力学第 1 法則によって,

$$U(T, V_1) - U(T, V_0) = Q[T, V_0 \xrightarrow{\text{iqs}} V_1] + W[T, V_0 \xrightarrow{\text{iqs}} V_1] \tag{6.6}$$

と書ける.したがって,等温準静的過程 $(T, V_0) \xrightarrow{\text{iqs}} (T, V_1)$ での内部エネルギー変化 ΔU,エントロピー変化 ΔS,自由エネルギー変化 ΔF は,関係式

$$\Delta U = T \Delta S + \Delta F \tag{6.7}$$

を満たす.この式を踏まえて,自由エネルギー F を次のように定義する.

定義 6.2 (自由エネルギー)

$$F = U - TS \tag{6.8}$$

このとき,等温の自由エネルギー差は等温準静的仕事と一致する.また,定義 6.1 の自由エネルギーがもっていた任意関数分の不定性は固定され,内部エネルギーとエントロピーの基準の不定性からくる 2 つの任意定数だけが残ることになる.(6.8) 式を自由エネルギーの最終的な定義だとする.

この定義の自然さは疑いようもない.そして,その自然さの結果として $F(T, V)$ の完全性が成り立つ.

定理 6.3 (熱力学関数 $F(T,V)$ の完全性) 自由エネルギー F が (T,V) の関数として与えられるとき，対象にしている流体の状態方程式と熱容量が決まる．

定理 5.8 の証明と同様に，F の引数による偏微分の結果が，次のように微分を含まない形になることから完全性がわかる．

$$\left(\frac{\partial F}{\partial V}\right)_T = -P \tag{6.9}$$

$$\left(\frac{\partial F}{\partial T}\right)_V = -S \tag{6.10}$$

これらの式を示しておこう．
（証明）
定義 2.3（準静的過程）より，微小な ΔV に対して

$$W[T, V \xrightarrow{\text{iqs}} V+\Delta V] = -P(T,V)\Delta V + o(\Delta V) \tag{6.11}$$

が成立する．定理 6.1 より，左辺の微小等温準静的仕事は自由エネルギー差によって，

$$W[T, V \xrightarrow{\text{iqs}} V+\Delta V] = F(T, V+\Delta V) - F(T,V) \tag{6.12}$$
$$= \left(\frac{\partial F}{\partial V}\right)_T \Delta V + o(\Delta V) \tag{6.13}$$

と書ける（cf. 付録 (A.3) 式）．(6.11), (6.13) 式より，(6.9) を得る．
また，(6.8) 式より，(5.51) 式を使って，

$$\left(\frac{\partial F}{\partial T}\right)_V = \left(\frac{\partial U}{\partial T}\right)_V - T\left(\frac{\partial S}{\partial T}\right)_V - S \tag{6.14}$$
$$= -S \tag{6.15}$$

となるので，(6.10) 式を得る． （証明終り）

6.2 微分形式による記述

種々の偏微分の関係式は煩雑である．それらを見通しよく記述する方法がある．たとえば，(5.40), (5.41) 式をあわせて，

$$dU = TdS - PdV \tag{6.16}$$

と書く[1]. この式と 2 つの偏微分の式の対応は見てとれるだろう. たとえば, S を固定したときの V の変化に対する U の変化率を求めたければ, (6.16) 式で, $dS = 0$ とおいて, 両辺を dV でわることによって, (5.40) 式を得る. また, (5.41) 式は, V を固定しているので, $dV = 0$ として, 同様に考えればよい.

他の完全な熱力学関数の場合にも同様な記述ができる. (5.54), (5.55) 式をあわせると

$$dS = \frac{1}{T}dU + \frac{P}{T}dV \tag{6.17}$$

と書けるし, (6.9), (6.10) 式は

$$dF = -SdT - PdV \tag{6.18}$$

と書ける.

ただし, これらの微分関係式が熱力学関数の引数を決めると誤解してはならない. 今までみてきたように, たとえば, エントロピーを (T, V) の関数とみることにいかなる制限が加わるものではない.

2 つの偏微分の式が 1 つの式で書けたとはいえ, まだ, (6.16), (6.17), (6.18) 式は, ややこしい. しかし, これらの式は独立でなく, たとえば, (6.16) 式だけ記憶にとどめれば, (6.17), (6.18) 式を次のように導くことができる. まず, (6.17) 式は, (6.16) 式を dS に関して解けば求まる. (6.18) 式は, $d \cdot$ という記号を, 変数に対する操作だとして, 変数の和と積に対して, 微分と同様な規則が適用できるとすると,

$$\begin{align} dF &= d(U - TS) \tag{6.19} \\ &= TdS - PdV - SdT - TdS \tag{6.20} \\ &= -SdT - PdV \tag{6.21} \end{align}$$

と求まる.

---

[1] これは, 微分形式とよばれる数学の記法であるが, 微分形式の数学の説明をしているわけではない. ここでは, 偏微分の関係式の簡便記述法として扱っている.

また，(6.16) 式を無限小等温準静的過程におけるエネルギー変化に関連させると，エントロピーの定義式とあわせて容易に記憶できる．無限小等温準静的過程 $(T,V) \xrightarrow{\text{iqs}} (T, V+dV)$ で熱源からもらう熱 $d'Q$，力学装置がする仕事 $d'W$ は

$$d'Q = Q[T, V \xrightarrow{\text{iqs}} V+dV] \qquad (6.22)$$

$$d'W = W[T, V \xrightarrow{\text{iqs}} V+dV] \qquad (6.23)$$

である．この無限小準静的過程での熱力学第 1 法則は

$$dU = d'Q + d'W \qquad (6.24)$$

になる．エントロピーの定義より，

$$Q[T, V \xrightarrow{\text{iqs}} V+dV] = T(S(T, V+dV) - S(T,V)) \qquad (6.25)$$

なので，

$$d'Q = TdS \qquad (6.26)$$

と書く．この結果と $d'W = -PdV$（cf. 定義 2.3）を (6.24) 式に代入すると (6.16) 式を得る．

一般に，$d'Q$ は無限小準静的過程で流体がもらう熱，$d'W$ は無限小準静的過程で流体がされる仕事をあらわす記号として用いられることが多い．ただし，この準静的過程は，等温過程や断熱過程だけでなく，熱源の温度がゆっくり変化するような場合も含まれる．式で表現すれば，

$$d'Q = Q[(T,V) \xrightarrow{\text{qs}} (T+dT, V+dV)] \qquad (6.27)$$

$$d'W = W[(T,V) \xrightarrow{\text{qs}} (T+dT, V+dV)] \qquad (6.28)$$

である．温度が変化しても，力学装置のする無限小準静的仕事は，$d'W = -PdV$ である（cf. 定義 2.3）．したがって，熱力学第 1 法則と (6.16) 式から，一般の無限小準静的過程で，(6.26) 式が成り立つ．

さらに，(6.26) 式を積分することにより，2 つの状態 (T_0, V_0)，(T_1, V_1) のエントロピー差を求めることができる．

定理 6.4 (クラウジウスの公式)

$$S(T_1, V_1) - S(T_0, V_0) = \int \frac{d'Q}{T} \tag{6.29}$$

ただし，右辺の積分は，流体がもらう準静的熱を温度で割ったものを状態をすこしずつ変化させながら足し合わせることを意味する．

(6.29) 式は，エントロピーの発見者であるクラウジウスによるエントロピーの定義である．現在でも，多くの文献で，(6.29) 式がエントロピーの定義として採用されている．

無限小準静的熱と仕事の記号が dQ, dW でなく，$d'Q$, $d'W$ のように d' という記号を使っていることに関して，注釈を書いておく．(書き方の約束なので，気になる読者だけ読めばよい．)

(注釈)

(1) $d'Q = TdS$, $d'W = -PdV$ なので，ともに状態空間の点 (T, V) の微小な変化に対して 1 次の微小量をあらわしている．その意味で，1 形式 (= 1 次微分形式) とよばれる量になっている．しかし，この微小変化をある状態から別の状態まで積分するとき，その積分値は状態空間の経路に依存する．一方，$TdS - PdV$ を積分するとその積分値は状態空間の経路に依存せず，U の差を与える．後者のような場合，1 形式 $TdS - PdV$ は完全微分である，とよばれる．それに対して，積分経路に依存する 1 形式は，完全微分ではない，とよばれる．その区別をつけるために，記号を違えている．

(2) $d'Q$, $d'W$ という記号で，上の段落のような d' の積分経路依存性の議論を紹介しつつ，熱力学第 1 法則を (6.24) 式として表現する文献がある．しかし，これは，熱力学第 1 法則の適用を準静的過程に制限したものであって，熱力学第 1 法則そのものは，(6.24) 式で表現されるものではない．たしかに，準静的熱や準静的仕事は，積分経路の選択に依存する，という意味の過程依存性があるが，そもそも，一般の熱とか仕事は，状態空間上の積分であらわされるものではない．それゆえ，本書では，$Q[\to]$ という過程依存性を明示して書いてきたのである．

(3) 別の流儀として，$d'Q$ と $d'W$ を，それぞれ，準静的過程とは限らない勝手な無限小過程で，熱源からもらう熱と力学装置がする仕事とする文献もある．この場合，(6.24) 式は，無限小過程に限定した熱力学第 1 法則として，正しい意味をもつ．しかし，この記号法は，別のところで，混乱の種になる．たとえば，流体を断熱壁で囲んで，力学装置で仕事することによって，体積変化がなく温度をすこしだけ大きくすることができる（cf. 前提 3.1）．この過程は，準静的過程ではない．断熱されているので，

$$dU = d'W \tag{6.30}$$

である．一方，エントロピー増加とエネルギー増加は

$$dU = TdS \tag{6.31}$$

という関係を満たす．(6.24) 式と (6.31) 式から，

$$d'W = TdS \tag{6.32}$$

という式が導かれる．この場合，$d'Q, d'W$ は，完全微分でないばかりか，微分形式ですらない． （注釈終り）

6.3　エネルギー方程式

自由エネルギーを使うと，3 章で紹介した定理 3.2（エネルギー方程式）を証明することができる．$F = U - TS$ の両辺に対して，T を固定して V で微分する．

$$\left(\frac{\partial F}{\partial V}\right)_T = \left(\frac{\partial U}{\partial V}\right)_T - T\left(\frac{\partial S}{\partial V}\right)_T \tag{6.33}$$

$$-P = \left(\frac{\partial U}{\partial V}\right)_T + T\frac{\partial^2 F}{\partial V \partial T} \tag{6.34}$$

$$= \left(\frac{\partial U}{\partial V}\right)_T - T\left(\frac{\partial P}{\partial T}\right)_V \tag{6.35}$$

移項するとエネルギー方程式

$$\left(\frac{\partial U}{\partial V}\right)_T = -P + T\left(\frac{\partial P}{\partial T}\right)_V \tag{6.36}$$

を得る．この式の導出の味噌は，F の V, T に関する偏微分が交換できる，という事実

$$\frac{\partial^2 F}{\partial V \partial T} = \frac{\partial^2 F}{\partial T \partial V} \tag{6.37}$$

から，

$$\left(\frac{\partial S}{\partial V}\right)_T = \left(\frac{\partial P}{\partial T}\right)_V \tag{6.38}$$

が成り立つことにある．この式は，恒等的に成立するが，直観で理解できるものではない．このように，完全な熱力学関数の 2 階微分の順序を交換することによって導かれる関係式は，一般に，**マクスウェルの関係式**とよばれる．

6.4 例: 温度に依存するばね

1.3.2 節の問題 2 の解答を与えよう．本書で，対象が流体ではないのは，この節だけである．今まで，流体を題材にして議論を展開してきたのに，突然，ばねが登場して面食らうかもしれない．しかし，流体で展開した議論が，ほとんどそのままばねに適用できるのが，熱力学の意義深い点でもある．

また，ばねは力学で典型的な題材の 1 つであり，熱力学の問題になることが想像しにくいかもしれない．しかし，実際，ばね定数の温度依存性に応じて，復元力の性質が定性的に違ってくることが知られている．たとえば，ゴムは，復元力が働くという意味で，ばねの一種であるが，それは金属やイオン結晶などと異なり，(1) ばね定数が極端に小さく，(2) 大きな変形まで可能で，(3) 自然長からの断熱伸長[2]で温度があがる，などの性質をもつ．実は，1.3.2 節の問題は，普通の力学的なばねとゴムの両方の性質をもっているのである（cf. 6.4.3 節）．

慎重に議論をすすめるなら，流体に対する議論をばねの場合に読みかえることができることを確認すべきである．しかし，ここでは，まず，1 次元変

---

[2] 通常の実験では，ゴムを断熱箱に入れた変化という（本書で展開してきた）厳密な意味の断熱過程でなく，まわりの空気の温度と等しくなるより短く，かつ，変化後において平衡状態が実現していると仮定できるくらいに長い，という微妙な時間範囲が存在することを前提にした断熱過程のことである（cf. 2.1.3 節，問題 3.6）．

位 x を流体の体積のような状態変数であることを認めて，解答を与える．その後で，1次元ばねの熱力学について，簡単に議論することにする．

6.4.1 ばねの温度上昇

ばねの変位が x のときの復元力 σ を

$$\sigma = -k(T)x \tag{6.39}$$

と書く．ただし，ばね定数は

$$k(T) = k_0 + k_1 T \tag{6.40}$$

で与えられていた．$x > 0$ がばねを引っ張ることに対応し，力の符号は，変位が正の向きに働く復元力が正となるように，選ばれている．ばねを引っ張る力学装置がする等温準静的仕事が自由エネルギーに等しいことより，

$$\sigma = -\left(\frac{\partial F}{\partial x}\right)_T \tag{6.41}$$

が成り立つ．力の符号の選び方から，流体の圧力が σ に対応する．ばね定数の温度依存性は，内部エネルギーでなく，自由エネルギーに反映されることに注意せよ（cf. 6.4.3節）．

断熱材で囲んでゆっくりとばねの変位を変化させたときのばねの温度変化が問題なので，

$$\left(\frac{\partial T}{\partial x}\right)_S \tag{6.42}$$

を求めればよい．まず，偏微分の関係式 (A.11) より，

$$\left(\frac{\partial T}{\partial x}\right)_S = -\left(\frac{\partial T}{\partial S}\right)_x \left(\frac{\partial S}{\partial x}\right)_T \tag{6.43}$$

を得る．右辺の最初の偏微分は，熱容量の式 (5.51) を使って，

$$\left(\frac{\partial T}{\partial S}\right)_x = \frac{T}{C} \tag{6.44}$$

と書ける．(6.43) 式の右辺の2つめの偏微分は，自由エネルギーを介して，

$$\left(\frac{\partial S}{\partial x}\right)_T = -\frac{\partial^2 F}{\partial x \partial T} = \left(\frac{\partial \sigma}{\partial T}\right)_x \tag{6.45}$$

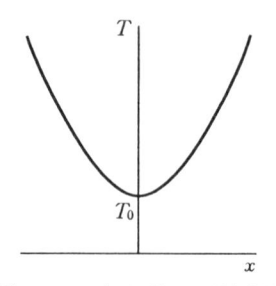

図 6.1　1 次元ばねの断熱曲線

に変形できる．これは，マクスウェルの関係式である．(6.44), (6.45) 式を (6.43) 式に代入すると，

$$\left(\frac{\partial T}{\partial x}\right)_S = -\frac{T}{C}\left(\frac{\partial \sigma}{\partial T}\right)_x \tag{6.46}$$

$$= \frac{T}{C_0}k_1 x \tag{6.47}$$

を得る．ここで，C が一定値 C_0 をとること，および，(6.40) 式を使った．

したがって，求める温度変化を $T(x)$ と記すと，$T(x)$ は微分方程式

$$\frac{dT}{dx} = \frac{T}{C_0}k_1 x \tag{6.48}$$

を満たす．dx を払った式

$$\frac{dT}{T} = \frac{k_1}{C_0}x\,dx \tag{6.49}$$

を積分すると，

$$\log T = \frac{k_1}{2C_0}x^2 + \text{const.} \tag{6.50}$$

を得る．$T(0) = T_0$ という条件を使うと，最終的に，

$$T(x) = T_0 \exp\left(\frac{k_1}{2C_0}x^2\right) \tag{6.51}$$

となる（cf. 図 6.1）．

6.4.2 1次元ばねの熱力学

1次元ばねの熱力学を簡単に議論する．これは，問題 2.3, 3.5, 4.4, 5.2 の略解でもある．ただし，ばね定数と熱容量は，1.3.2.節の問題 2 で与えられたものを使う．やや細かい議論を含むので，この小節はとばしてもよい．

1次元ばねに対して許される操作として，次の3つを考える（cf. 図 6.2）．(1) ばねを切ったり，2つのばねを直列に接続したりできる．(2) ばねの端を力学装置に接続して，変位を与えることができる．(3) 熱源をばねに接触できる．

自然長が λ 倍され，ばね定数が $1/\lambda$ 倍されたばねを「λ 倍したばね」と定義する．また，ばねの複合状態は，2本のばねを直列につないだ状態だとする．このとき，たとえば，「2倍したばね」は，同じ2本のばねを直列につないだことと等価なので，相加性と示量性を流体と同じように定義できる．そして，変位 x は示量変数，復元力 σ は示強変数になる．

ばねの内部エネルギーの変位依存性は，エネルギー方程式より，

$$\left(\frac{\partial U}{\partial x}\right)_T = k_0 x \tag{6.52}$$

となる．したがって，

$$U(T, x) = \frac{1}{2}k_0 x^2 + C_0 T \tag{6.53}$$

を得る．このとき，断熱曲線は，3.3節と同じように計算すれば，(6.51) 式と一致する．（また，問題 6.3 と問題 3.1 を比較せよ．）

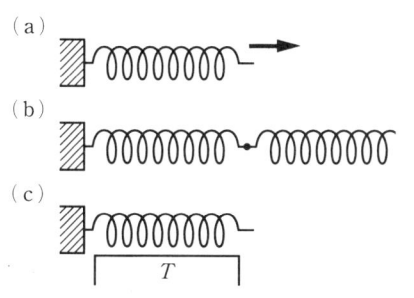

図 6.2 1次元ばねに対して許される操作の例．(a) ばねを引っ張る．(b) 2つのばねをつなぐ，(c) 熱源をばねに接触する．

断熱箱の中でばねをゆっくり引っ張って離すと，つりあいの位置に戻る[3]．このとき，ばねの温度があがり，前提 3.1 に相当することが満たされることを確認しよう．まず，(6.51) 式より，ばねをゆっくり引っ張ると，ばねの温度はあがる．このとき，いくらでも温度をあげることができる．ばねを離すときには，仕事をしないので，内部エネルギーは一定である．(6.53) 式から，ばねを離すことによって，ばねの温度はあがる．($k_0 = 0$ のときには，変わらない．）よって，2 つの過程の結果，いくらでもばねの温度をあげることができる．

等温準静的熱 $Q[T, x_0 \xrightarrow{\text{iqs}} x]$ は，(6.53) 式および熱力学第 1 法則より，

$$Q[T, x_0 \xrightarrow{\text{iqs}} x] = \frac{1}{2}k_0(x^2 - x_0^2) - \frac{1}{2}k(T)(x^2 - x_0^2) \quad (6.54)$$

$$= -\frac{1}{2}k_1 T(x^2 - x_0^2) \quad (6.55)$$

と計算できる．

次に，エントロピーを考える．1 次元ばねの断熱曲線は，前提 3.5 を満足しない（cf. 図 6.1）．その結果，5 章の議論をばねに適用するには，若干の手直しが必要である．まず，定理 5.3（エントロピーと熱）で，エントロピーの式を与えようとする．適当に選んだ断熱曲線を

$$x_0(T) = \sqrt{2\frac{C_0}{k_1} \log \frac{T}{T_0}} \quad (6.56)$$

とおくと，定理 5.3 により，

$$S(T, x) = -\frac{1}{2}k_1(x^2 - x_0^2(T)) \quad (6.57)$$

$$= -\frac{1}{2}k_1 x^2 + C_0 \log T \quad (6.58)$$

となる．（エントロピーの基準値は適当に選んだ．）

ところで，このエントロピーは，$x_0(T)$ の根号の中が正になる T の範囲 ($T \geq T_0$) に対してしか定義されない．一般に，前提 3.5 がないと，定理 5.3

---

[3]「ばね」はまわりとの摩擦でつりあいの位置に戻る．「ばね」というのを，箱に入って，空気をまとった「ばね」だと考えてもよい．

で，すべての状態に対して，エントロピーが定義されるわけではない．それに構わず，定理 5.4（エントロピーと断熱曲線）にすすむ．この定理は，エントロピーが定義されている部分については，そのまま有効である．エントロピーが定義されていない部分については，定理 5.4 を満たすように，エントロピーが定義される状態を拡張する．その結果，1 次元ばねの場合，全状態に対して，エントロピーが定義[4]される．このように (6.58) 式がすべての状態に対して定義されている，と考えもよいことがわかる．

この問題では，エントロピーの形が具体的に (6.58) 式として求まっているので，定理 5.5（エントロピーと温度）は証明する必要がない．しかし，ばね定数や熱容量の具体的な式がない場合を念頭において，定理 5.5 の証明を見直しておこう．その証明の中で，「V_1 を断熱準静的過程 $(T_0, V_0) \xrightarrow{\text{aqs}} (T_1, V_1)$ を実現する体積」としているが，ここで，前提 3.5 を使っている．前提 3.5 が成り立たなくても，$k_1 > 0$ のばねの場合には，断熱曲線の形から，$T_1 > T_0$ に対して，$(T_0, x_0) \xrightarrow{\text{aqs}} (T_1, x_1)$ を実現する変位 x_1 をとることができるので，証明はそのまま有効である．

最後に，定理 5.6, 定理 5.7 の証明は，そのまま成立する．したがって，(6.58) 式で与えられたエントロピーは，熱力学第 2 法則を表現する正しいエントロピーである．

6.4.3 エントロピー弾性

ばね定数の温度依存性が自由エネルギーに反映される，という事実をもうすこし考えてみよう．(6.41) 式，および，$F = U - TS$ より，

$$\sigma = -\left(\frac{\partial U}{\partial x}\right)_T + T\left(\frac{\partial S}{\partial x}\right)_T \tag{6.59}$$

を得る．この式をみると，第 1 項が変位に対する内部エネルギーの変化であり，第 2 項が変位に対するエントロピーの変化をあらわしている．復元力のような力学的な量に対して，エントロピー変化が関わってくるのである．復元力の第 1 項が圧倒的な場合をエネルギー弾性，第 2 項が圧倒的な場合をエ

---

[4]このように拡張されたエントロピーが，別の基準断熱曲線の選択を使って定理 5.3 で計算されるエントロピーと無矛盾であることを確認しないといけない．

ントロピー弾性とよび，定性的に区別される．特に，ばね定数が絶対温度に比例する場合，第 1 項は 0 になるので，完全なエントロピー弾性を示す．実は，ゴムはエントロピー弾性を示すので，エネルギー弾性を示す金属やイオン結晶などと力の性質が異なるのである．

6.5 例: 相転移にともなう熱

液体から気体に変化する現象は日常的に経験している．この現象は相転移とよばれる．また，液体から気体に変化するときに，環境から熱を吸収することも実感している[5]だろう．この熱は，気化熱，あるいは，気化にともなう潜熱とよばれる．相転移現象を説明した後，気化熱と転移点の性質を関係づける．

6.5.1 相転移

温度を一定に保って，流体の体積に対する圧力を平衡状態で測定するとき，**体積を変えても圧力が変化しない**という奇妙な現象[6]に遭遇する．これは，特定の物質に固有な性質でなく一般的に観測される．この現象を熱力学的に調べていく．

この現象は一定に保たれた温度の値に依存し，温度がある温度より高いときには，起こらない．このぎりぎりの温度を **臨界温度** とよぶ．臨界温度の値は物質ごとによって異なっている．図 6.3 で，いくつかの一定に保たれた温度の値に対して，圧力の体積依存性を示してある．このグラフを見ると，臨界温度よりすこし低い温度の環境では，圧力が一定になっている体積領域がすこしあらわれ，温度をさげるにしたがって，その領域が広がっていくことがわかる．臨界温度で，その広がりが一点に収束していると考えることができ，そのときの圧力と密度を **臨界圧力**，**臨界密度** とよぶ．（N/V のことを密度とよぶ．）臨界圧力，臨界密度も物質に固有な値をとる．

さて，一定に保たれた温度 T が臨界温度より小さいとしよう．このとき，

---

[5]注射をする前を思い出そう．
[6]本当に実験すれば，過冷却や過飽和などの現象がからまってきて，事情はもっと複雑で，図 6.3 のようにすっきりとはしない．ここでは，話を単純化している．

6.5 例：相転移にともなう熱

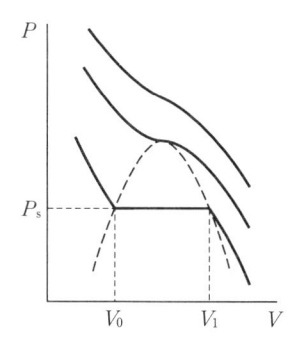

図 6.3 様々な温度での圧力の体積依存性．点線内の領域では，圧力は体積に依存しない．

体積が $(V_0(T), V_1(T))$ の間で変化しても圧力が $P_s(T)$ で一定になっている．圧力 $P_s(T)$ を温度 T に対する**飽和圧力**とよぶ．

次に，温度を一定にした (P, V) のグラフから圧力を一定にする (T, V) のグラフを考える．図 6.3 よりわかるように，圧力を適当な値 P に決めると，体積が $(V_0(T_c), V_1(T_c))$ の間で圧力が P で一定値となる温度 T_c があり，温度が T_c より小さいとき，体積は V_0 より小さく，温度が T_c より大きいとき，体積は V_1 より大きいことがわかる．それぞれの温度の範囲で体積は連続的に変化しているから，結局，圧力を固定したときの (T, V) は図 6.4 のように書けることがわかる．温度 T_c は，**転移温度**とよばれる．

たとえば，流体を閉じ込めた箱の上部を可動壁にすると，流体の圧力は一定に保たれていると考えてよい．つまり，この環境では，温度が T_c を超えると，体積は不連続に変化する．これは，水から水蒸気への転移として日常的に経験している現象である．つまり，転移温度 T_c は圧力 P での**沸点**であり，$T < T_c$ では液体，$T > T_c$ で気体になっていると考えられる．そもそも液体・気体という言葉は，この現象を通して名前がつけられたものである．同じ物質でありながら，状態が不連続に変化するので，液体と気体は異なる**相**にあると考え，ある相から別の相へ遷移することを**相転移**とよぶ．

以上の点を踏まえて，図 6.3 に戻ろう．圧力が P_s で一定になる場合，体積

100   第 6 章　熱力学関係式

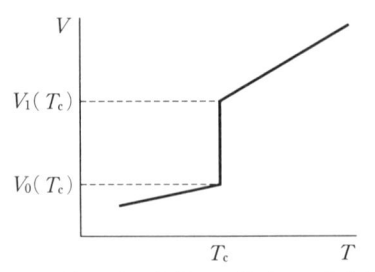

図 6.4　圧力一定の条件での体積の温度依存性

が $V_0(T)$ より小さいところで液体，体積が $V_1(T)$ より大きいところで気体になっていると考えられる．

6.5.2　クラペイロンの式

等温環境下で液体から気体への相転移が起こるとき，流体は環境から熱を吸収する．その熱の最大値が気化熱，あるいは，気化にともなう潜熱であり，L と書かれる．気化熱 L は，状態 (T, V_0) のエントロピーを S_0，状態 (T, V_1) のエントロピーを S_1 とすると

$$L = T(S_1 - S_0) \tag{6.60}$$

を満たす．ここで，飽和圧力の温度依存性が気化熱と体積変化によって決められることを示そう．

定理 6.1（自由エネルギー差と等温準静的仕事）より，臨界温度より小さい勝手な温度 T に対して

$$F(T, V_1) - F(T, V_0) = -P_s(V_1 - V_0) \tag{6.61}$$

が成り立つ．P_s, V_0, V_1 が T の関数であることに注意して，(6.61) 式を T で微分すると，

$$-S_1 - P_s\frac{dV_1}{dT} + S_0 + P_s\frac{dV_0}{dT} = -\frac{dP_s}{dT}(V_1 - V_0) - P_s\left(\frac{dV_1}{dT} - \frac{dV_0}{dT}\right) \tag{6.62}$$

を得る．整理すると，

$$\frac{dP_\text{s}}{dT} = \frac{S_1 - S_0}{V_1 - V_0} \quad (6.63)$$

$$= \frac{L}{T(V_1 - V_0)} \quad (6.64)$$

となる．この式は，**クラペイロンの式**とよばれる．

演習問題

6.1 ギブス=ヘルムホルツの関係式

$$U = -T^2 \frac{\partial}{\partial T}\left(\frac{F}{T}\right)_V \quad (6.65)$$

を示せ．

6.2 熱容量をエントロピーであらわし，自由エネルギーを経由して，関係式

$$\left(\frac{\partial C}{\partial V}\right)_T = T\left(\frac{\partial^2 P}{\partial T^2}\right)_V \quad (6.66)$$

を導け．(問題 3.2 参照．)

6.3 偏微分の関係式 (A.11) とマクスウェルの関係式を使って，

$$\left(\frac{\partial T}{\partial V}\right)_S = -\frac{T}{C}\left(\frac{\partial P}{\partial T}\right)_V \quad (6.67)$$

を導け．(問題 3.1 参照．)

6.4 (T, P) を変数とする完全な熱力学関数 $G(T, P)$ が $G = U - TS + PV$ で与えられることを示せ．G はギブスの自由エネルギーとよばれる．

6.5 (S, P) を変数とする完全な熱力学関数 $H(S, P)$ が $H = U + PV$ で与えられることを示せ．H はエンタルピーとよばれる．

6.6 温度 T の等温環境で，物質量 N の流体の体積 V が $V_0 \leq V \leq V_1$ の範囲で，圧力が一定になったとする．体積がこの範囲にあるとき，この流体は，密度 N/V_0 の液体と密度 N/V_1 の気体からなると考えられることを示せ．

6.7 1気圧の水は摂氏100度で水蒸気になる．圧力に対する転移温度の増加率が1/27.12 [度/mmHg] とする．水蒸気の密度は水の密度に比べて十分小さいとし，また，水蒸気の状態方程式を理想気体の状態方程式と仮定して，摂氏100度の気化熱を計算せよ．

6.8 液体から気体への相転移に関して，(1) 気体の密度が液体の密度より十分小さく，(2) 気体の状態方程式を理想気体の状態方程式と近似してよく，(3) 気化熱が温度によらず一定とみなせるとき，飽和蒸気圧は，$\exp(-L/RT)$ に比例することを示せ．

第7章

安定性と変分原理

流体の平衡状態の安定性を示し，平衡状態の性質を変分原理によって特徴づける．

7.1 等温環境の場合

図 7.1 のように，温度 T の等温環境下において，可動仕切り壁で接触する 2 つの流体を考えよう．ただし，今までと同様に，外側の壁は不動壁である．仕切り壁が可動壁であるために，その位置は，2 つの流体の作用によって決められる．このように，外部条件では拘束されない変数を**非拘束変数**とよぶ．

非拘束変数が平衡状態でとる値を決めたい．図 7.1 を例にして，十分に一般的な議論の展開を行う．図 7.1 の平衡状態は，

$$\{(T, V_1; A_1, N_1), (T, V_2; A_2, N_2)\}$$

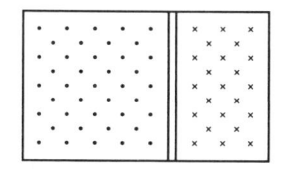

図 7.1 等温環境における平衡状態．可動仕切り壁の位置を決めたい．

とあらわせる. ただし, $V_1+V_2=V$ を満たす. 問題は, $(T, V, A_1, N_1, A_2, N_2)$ が与えられたとき, V_1, V_2 の値を決めることである.

7.1.1 平衡状態の安定性

この例では, 圧力のつりあい

$$P(T, V_1; A_1, N_1) = P(T, V_2; A_2, N_2) \tag{7.1}$$

が成り立つ位置で, 平衡状態になっているはずである.

この平衡状態で可動壁の位置をすこしだけ変化させてみよう. このとき, もし, 平衡状態から体積がすこし大きくなった流体の圧力が, 他方の体積がすこし小さくなった流体の圧力より大きくなったなら, 体積がすこし大きくなった流体の部分が他方をより強く押し込み, その体積がますます大きくなろうとする. ところで, 平衡状態は, 十分長い時間の後に到達する状態なので, わずかな変化で状態が大きく変化するとは考えにくい. したがって, **平衡状態が安定**であるためには, 温度を一定にしたとき, 圧力は体積の非増加関数でなければならない. この性質は, 最小仕事の原理から証明される.

定理 7.1 (平衡状態の安定性/等温環境) 等温環境における流体の平衡状態は安定である. つまり, 不等式[1]

$$\left(\frac{\partial P}{\partial V}\right)_T \leq 0 \tag{7.2}$$

が成り立つ.

(証明)

同じ物質からなる流体を不動仕切り壁で区切り, 平衡状態

$$\{(T, \frac{V-\Delta V}{2}; \frac{N}{2}), (T, \frac{V+\Delta V}{2}; \frac{N}{2})\}$$

---

[1] 6.5 節で議論したような相転移があれば, P が V に関して微分できない状態がある. そういう場合も含めて, 平衡状態の安定性を数学的に表現するには, 「関数の凸性」を勉強しなければならない. 文献 [5] を参照.

を作る.(物質の種類は共通なので,明示的に書いていない.) 次に,仕切り壁を除去すると,等温過程

$$\{(T, \frac{V-\Delta V}{2}; \frac{N}{2}), (T, \frac{V+\Delta V}{2}; \frac{N}{2})\} \overset{\text{i}}{\to} (T, V; N) \tag{7.3}$$

を実現できる.この過程では,力学装置は仕事をしないので,定理 6.2(最小仕事の原理(自由エネルギー版))より,

$$F(T, V) \leq \frac{1}{2}F(T, V-\Delta V) + \frac{1}{2}F(T, V+\Delta V) \tag{7.4}$$

を得る.ここで,自由エネルギーの示量性と相加性を使った.また,(7.4) 式の F は,物質量 N を共通にもつので,その依存性を書いていない.ΔV が十分小さいとき,(7.4) 式は

$$\frac{\partial^2 F}{\partial V^2}(\Delta V)^2 + o((\Delta V)^2) \geq 0 \tag{7.5}$$

となる(cf. (A.4) 式).ΔV は任意に小さくできるので

$$\frac{\partial^2 F}{\partial V^2} \geq 0 \tag{7.6}$$

が成り立つ.圧力と自由エネルギーの関係 (6.9) 式より,(7.2) 式を得る.

(証明終り)

7.1.2 自由エネルギー最小原理

平衡状態の安定性の結果として,等温環境における平衡状態を自由エネルギーの最小性で特徴づけることができる.これを自由エネルギー最小原理とよぶ.一般的な場合を説明するのでなく,図 7.1 の場合に対して次の定理を示そう.

定理 7.2 (自由エネルギー最小原理:例) 図 7.1 において,2 つの流体の圧力が等しい体積配分で,全自由エネルギーは最小になる.逆に,全自由エネルギーが最小になるところで,2 つの流体の圧力は等しくなる.

(証明)

物質 A_1 の流体の体積が X のときの全自由エネルギーを

$$\phi(X) = F(T, X; A_1, N_1) + F(T, V - X; A_2, N_2) \tag{7.7}$$

と記す.

まず, V_1 を圧力のつりあい (7.1) 式によって決まる V_1 とする. このとき, $X = V_1$ で, $\phi(X)$ が最小となることを示す.

ϕ', ϕ'' を ϕ の X に関する 1 階微分, 2 階微分とすると,

$$\phi'(X) = \phi'(V_1) + \int_{V_1}^{X} dY \phi''(Y) \tag{7.8}$$

が成り立つ. 圧力と自由エネルギーの関係 (6.9) 式, および, V_1 が (7.1) 式を満たすことより, $\phi'(V_1) = 0$ が導かれる. これを踏まえて, 上式をもう 1 回積分すると,

$$\phi(X) = \phi(V_1) + \int_{V_1}^{X} dZ \int_{V_1}^{Z} dY \phi''(Y) \tag{7.9}$$

になる. ここで, 定理 7.1 (平衡状態の安定性) より, 任意の Y について, $\phi(Y)$ の Y に関する 2 階微分は非負である. したがって, 第 2 項は非負になり,

$$\phi(X) \geq \phi(V_1) \tag{7.10}$$

を得る.

逆に, V_1 を $\phi(X)$ を最小化する X の値とすると, 十分小さい任意の ΔV に対して

$$F(T, V_1 + \Delta V; A_1, N_1) + F(T, V_2 - \Delta V; A_2, N_2)$$
$$\geq F(T, V_1; A_1, N_1) + F(T, V_2; A_2, N_2) \tag{7.11}$$

が成り立つ. したがって,

$$\left(\frac{\partial F}{\partial V} \right)_{T; A_1, N_1} \bigg|_{V_1} = \left(\frac{\partial F}{\partial V} \right)_{T; A_2, N_2} \bigg|_{V_2} \tag{7.12}$$

を得る．圧力と自由エネルギーの関係 (6.9) 式より，(7.12) 式は (7.1) 式と等価である． (証明終り)

定理 7.2 を一般化すると，次の定理になる．

定理 7.3 (自由エネルギー最小原理) 等温環境における流体の平衡状態で非拘束変数のとる値は，非拘束変数がとりうる値の中で，全自由エネルギーを最小化するものと等しい．

7.1.3 非拘束変数の発展基準

図 7.1 において，仕切り壁を不動壁にするなら，任意の位置に固定することができる．つまり，任意の X_0 に対して，平衡状態 $\{(T, X_0; A_1, N_1), (T, V - X_0; A_2, N_2)\}$ を実現できる．仕切り壁のすぐ横に可動壁を入れ，不動壁をぬくと，等温過程

$$\{(T, X_0; A_1, N_1), (T, V - X_0; A_2, N_2)\} \xrightarrow{i} \{(T, V_1; A_1, N_1), (T, V_2; A_2, N_2)\} \tag{7.13}$$

を実現できる．つまり，不動壁による拘束を除去した後，物質 A_1 の流体の体積 X は，X_0 から V_1 まで自発的に時間変化する．これを，**拘束の除去による非拘束変数の時間発展**とよぶ．

この過程では，力学装置のする仕事が 0 なので，定理 6.2（最小仕事の原理）より，

$$F(T, X_0; A_1, N_1) + F(T, V - X_0; A_2, N_2) \geq F(T, V_1; A_1, N_1) + F(T, V_2; A_2, N_2) \tag{7.14}$$

が成り立つ．すなわち，次の定理が成り立つ．

定理 7.4 (等温環境における発展基準(弱)) 非拘束変数は，自由エネルギーが増加しないように時間発展する．

この定理は，平衡状態の安定性，および，自由エネルギー最小原理とは独

立に成り立つことに注意したい．さらに，自由エネルギー最小原理とあわせると次の定理を得る．

定理 7.5 (等温環境における発展基準(強)) 非拘束変数は，自由エネルギーが最小になるように時間発展する．

等温環境における発展基準を2つ紹介したのは理由がある．既にみたように，流体の場合には，自由エネルギー最小原理が成立するので，定理7.5の強い発展基準が成立する．しかし，問題7.3で見るように，一般には，つりあいの状態が常に安定であるとは限らない．その場合でも，定理7.4の弱い発展基準は有効である．

7.2 断熱環境の場合

断熱環境における平衡状態の安定性，平衡状態の変分原理による特徴づけ，非拘束変数の発展基準を議論したい．

断熱環境下では，透熱壁で区切られた2つの流体に対するエネルギー配分も非拘束変数になるので，平衡状態を (U, V) で記述する．2つの流体が透熱壁で接触するときの平衡状態では，それぞれの流体の温度が等しい．(5.55) 式より，これは，S の U に関する偏微分が等しい，ことを意味する．したがって，定理6.2（最小仕事の原理（自由エネルギー版））を定理5.6（エントロピー増大則）に置き換えることにより，前節の議論と同様な議論を展開することができる．結果だけまとめておく．

定理 7.6 (平衡状態の安定性/断熱環境) 断熱環境における流体の平衡状態は安定である．

定理 7.7 (エントロピー最大原理) 断熱環境下における流体の平衡状態で非拘束変数のとる値は，非拘束変数がとりうる値の中で，全エントロピーを最大化するものと等しい．

定理 7.8 (断熱環境における発展基準(弱))　非拘束変数は，エントロピーが減少しないように時間発展する．

定理 7.9 (断熱環境における発展基準(強))　非拘束変数は，エントロピーが最大になるように時間発展する．

　完全な熱力学関数の変分原理で平衡状態を特徴づけることができる，ことの意義について簡単にふれておく．たとえば，断熱環境において，透熱仕切り壁を境界にして 2 つの流体が接触するときの平衡状態を問題にしよう．今までの議論では，平衡状態では温度が等しくなる，というのが前提だった．それに対して，変分原理にしたがえば，エントロピー関数 $S(U,V)$ からエネルギーの配分が決まり，温度を (5.55) 式で定義すれば，結果として温度が等しくなる，と考えることができる．つまり，熱力学第 1 法則と第 2 法則を前提の中心にして，熱力学の体系を再構成する際，平衡状態の性質を決めていくのが変分原理[2]になる．

演習問題

7.1　断熱環境における平衡状態の安定性を数式で表現せよ．

7.2　ファンデルワールスの状態方程式で，a, b の値によっては，

$$\left(\frac{\partial P}{\partial V}\right)_T > 0 \tag{7.15}$$

を満たす状態があることを示せ．この事実は，平衡状態の安定性に反している．どのように考えればよいか．

7.3　同じ物質でできた球状の風船を 2 個用意する．異なる大きさまで膨らました後に，2 つの風船の口を接触させると，小さい風船がしぼむことがある[3]．この現象について以下の問いに答えよ．

---

[2] たとえば，文献 [3] では，エントロピー関数 $S(U,V)$ と変分原理を前提にして，熱力学を展開する．

[3] J. ウォーカー, 戸田盛和・渡辺慎介共訳, ハテ・なぜだろうの物理学 II (培風館, 1980 年).

(a) 実験せよ.

(b) 同じ大きさの風船の口を接触させたとき,圧力がつりあっている.しかし,この現象は,つりあいの状態に時間発展しないことを示している.風船の自由エネルギーが球の表面積に比例すると仮定し,このつりあいの状態が自由エネルギーの極大点にあることを示せ.ただし,風船の中の気体は理想気体としてよい.

(c) 圧力つりあいの状態が自由エネルギーを最小にしないことの理由は何か.特に,7.1 節の議論のどこが成立しないのか.

(d) 風船をある程度以上に膨らますと,小さい風船がしぼむ,という現象が観測されなくなる.この理由について考えよ.

第8章

多成分流体の熱力学

多成分流体に対して，熱力学的考察ができるように，熱力学関数を定義する．その応用例として，希薄溶液の自由エネルギーの一般形を与え，希薄溶液の浸透圧を導出する．

8.1 多成分流体の熱力学関数

前章まで，流体が1種類の物質からなることを前提にしてきた．より正確には，複数の種類の物質からなっていても，その組成を気にする必要がなかった．たとえば，酸素と窒素を1対4で混ぜて「混合気体」を作って，その気体の熱力学を議論するとき，混合比が常に1対4に保たれているなら，酸素と窒素を区別する必要がない．したがって，その混合気体と物質量に対して，平衡状態を考えてよかった．ところが，その混合気体に対して，酸素だけをぬき出す装置を作用させるなら，酸素と窒素を区別する必要が生じる．このように，物質組成の変化にともなう状態遷移を議論するのが**多成分流体の熱力学**である．

簡単のために，2成分流体を扱う．今までの記述の仕方にしたがうと，物質Aの物質量がN，物質Bの物質量がMの平衡状態は，$(T, V; \text{A}, N, \text{B}, M)$と記される．以下では，記号を簡単にするため，A, Bを省略し，(T, V, N, M)と書く．

物質組成の変化に対して，熱力学法則が成立するように，状態 (T,V,N,M) に対して，熱力学関数を定義することが目標になる．

(N,M) を固定した熱力学関数 U, S の構成は，3〜5 章の議論がそのまま有効である．また，N, M をともに定数倍したときの熱力学関数の値は，U, S の示量性から求まる．しかし，3〜5 章の議論のままでは，異なる成分比 N/M に対する U, S の値を比べることができない．

そこで，任意の (N,M) に対して，状態 (T,V,N,M) での U, S の値を，特定の物質量の組合せ，たとえば，$(N,0), (0,M)$ での，U, S の値に帰着させたい．具体的には，断熱準静的混合過程

$$\{(T,V,N,0),(T,V,0,M)\} \xrightarrow{\text{aqs}} (T',V,N,M) \qquad (8.1)$$

に対して，U, S を

$$\begin{aligned}
U(T',V,N,M) &= U(T,V,N,0) + U(T,V,0,M) \\
&\quad + W[\{(T,V,N,0),(T,V,0,M)\} \xrightarrow{\text{aqs}} (T',V,N,M)] \\
& \qquad\qquad\qquad\qquad\qquad\qquad\qquad\qquad\qquad (8.2)\\
S(T',V,N,M) &= S(T,V,N,0) + S(T,V,0,M) \qquad (8.3)
\end{aligned}$$

を満たすように定義することが自然であるように思える．

このとき，熱力学関数が矛盾なく定義できているかどうかが問題になってくる．たとえば，始状態と終状態が同じも，物質組成を変えてから体積変化させるのと，体積変化させてから物質組成を変えるやり方がある．慎重に考えるなら，物質組成の変化を考慮にいれて，前提 4.1（ケルビンの原理）から状態変数 S の構成までを議論し直す必要がある．

しかし，ここでは，論旨の整合性を追求せずに，断熱準静的過程 (8.1) を通して，熱力学関数が矛盾なく拡張され，定理 4.1（最小仕事の原理）や定理 5.6（エントロピー増大則）は，物質組成の変化を考慮にいれた形に拡張できるものとする．

ただし，断熱準静的混合過程 (8.1) が実現できるのかどうか，という点は確認しておこう．準静的混合過程の逆過程として，準静的分離過程があるはずである．したがって，過程 (8.1) は，図 8.1 のように，物質 A の入った箱

8.1 多成分流体の熱力学関数　113

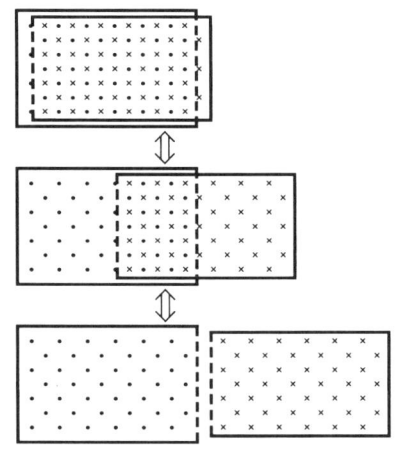

図 8.1 断熱準静的混合過程. 破線は半透膜をあらわす.

の片側に, 物質 B だけが透過できる半透膜を, 物質 B の入った箱の片側に, 物質 A だけが透過できる半透膜を, それぞれはりつけて, ゆっくり箱を重ねればよい. 逆過程の分離過程も同様に実現できる. 断熱過程を実現するには, 2 つの箱全体を断熱壁で囲めばよい.

ところで, どんな物質に対しても, その物質だけが透過できる半透膜が必ずあるかどうか, というのは, 微妙な問題である. 現実的には, 特定の物質以外を完全に遮断するような膜はないだろう. しかし, 膜を十分工夫することによって, そのような完全な半透膜に近づけることができる, と期待し, 理論の前提にする.

前提 8.1 (理想半透膜の存在)　どんな物質の種類に対しても, その物質だけを透過させる完全な半透膜が存在する.

この前提により, 断熱準静的混合過程で熱力学関数は矛盾なく拡張されると考える.

114   第 8 章 多成分流体の熱力学

8.1.1 化学ポテンシャル

図 8.2 で示されているように，等温環境において，物質 A と物質 B の混合流体と物質 A だけからなる流体が，物質 A だけが透過できる半透膜を仕切り壁にして，1 つの箱に入っているとしよう．このとき，物質 A の物質量の配分を決めたい．

最初，物質 A が透過できない壁を仕切りに使って，物質 A をそれぞれの箱に任意に配分する．次に，物質 A だけが透過できる半透膜を仕切りに加えて，物質 B の流体を片方だけに入れる．この状態で，物質 A が透過できない壁を除去することによって，物質 A の物質量配分が自由になり，新しい平衡値になる．この等温過程は，

$$\{(T, V_1, X, 0), (T, V_2, N-X, M)\} \overset{\mathrm{i}}{\to} \{(T, V_1, N_1, 0), (T, V_2, N_2, M)\} \quad (8.4)$$

と書ける．定理 6.2 が混合過程に拡張できると考えているので，任意の X に対して，不等式

$$F(T, V_1, X, 0) + F(T, V_2, N-X, M) \geq F(T, V_1, N_1, 0) + F(T, V_2, N_2, M) \quad (8.5)$$

が成り立つ．これは，**物質配分に関する自由エネルギー最小原理**を意味する．したがって，定理 7.2 の議論と同様にして，物質量配分の平衡値を決める条件として，

$$\left(\frac{\partial F}{\partial N}\right)_{T, V_1, M=0}\bigg|_{N_1} = \left(\frac{\partial F}{\partial N}\right)_{T, V_2, M}\bigg|_{N_2} \quad (8.6)$$

を得る．

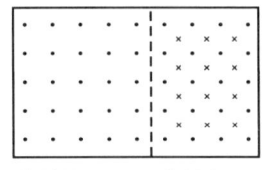

図 8.2   物質量配分の平衡値を問題にする．

ところで，(8.6) 式をひとことで表現する言葉をまだもっていない．そこで，示強変数 μ_A を

$$\mu_A(T, V, N, M) = \left(\frac{\partial F}{\partial N}\right)_{T,V,M} \tag{8.7}$$

として定義し，**物質 A に対する化学ポテンシャル**とよぶ．(8.6) 式は，「化学ポテンシャルが等しくなるように，平衡状態での物質量配分が決まる」と表現できる．

温度や圧力と同じ性質をもっている化学ポテンシャルが，1 成分流体で議論されなかったのには理由がある．1 成分流体では，温度と圧力が等しければ，化学ポテンシャルが等しいのである．物理的には，透熱可動壁に穴をあけても平衡状態が変化しない，ということをあらわしているが，このことを論理的に見てみよう．まず，圧力が示強変数であることより，

$$P(T, V, N) = P(T, V/N, 1) \tag{8.8}$$

と書ける．P の V, N に関する偏微分をした式より，

$$V\left(\frac{\partial P}{\partial V}\right)_{T,N} + N\left(\frac{\partial P}{\partial N}\right)_{T,V} = 0 \tag{8.9}$$

が恒等式として成り立つ．また，マクスウェル関係式として，

$$\left(\frac{\partial P}{\partial N}\right)_{T,V} = -\frac{\partial^2 F}{\partial N \partial V} \tag{8.10}$$

$$= -\left(\frac{\partial \mu}{\partial V}\right)_{T,N} \tag{8.11}$$

が導かれる．(8.9), (8.11) 式をあわせると，

$$\left(\frac{\partial P}{\partial V}\right)_{T,N} = \frac{N}{V}\left(\frac{\partial \mu}{\partial V}\right)_{T,N} \tag{8.12}$$

を得る．ところで，定理 7.1 より，P は V の非増加関数である．(8.12) 式より，P が V に単調減少している部分では，μ も単調減少する．したがって，その部分では，P と μ が 1 対 1 に対応する．また，P が V に関して変化しないとき，μ も V に関して変化しない．したがって，すべての V に対して，P と μ は 1 対 1 に対応する．

8.2 例: 2 成分理想気体

2 成分理想気体とは，それぞれの成分の物質が単独で存在するときには，理想気体の状態方程式と熱容量をもち，2 成分が混合したときには，各成分の熱力学的性質が他の成分の存在にまったく影響されない気体のことをいう．1 成分理想気体と同じように，ある程度以上の高温で，それぞれの密度 N/V, M/V が十分小さいとき，すべての 2 成分混合流体は，2 成分理想気体の状態方程式にしたがう．

2 成分理想気体の内部エネルギーとエントロピーは，

$$U(T,V,N,M) = c_1 NRT + c_2 MRT \tag{8.13}$$

$$S(T,V,N,M) = NR\log\frac{T^{c_1}V}{N} + MR\log\frac{T^{c_2}V}{M} \tag{8.14}$$

となる．ただし，c_1, c_2 は物質 A，物質 B の熱容量の比例係数である．基準点に由来する任意定数は適当に選んだ．

8.2.1 断熱自由混合によるエントロピー増大

2 つの箱に同じ温度の異なる種類の流体が同じ密度で入っているとしよう．これらの箱を接触させ，接触した壁を完全にとり払うことによって生じる混合を自由混合とよぶ．断熱環境下で自由混合を考えるとエントロピーが増大する．2 成分理想気体を例にして定量的にみてみよう．断熱過程

$$\{(T,vN,N,0),(T,vM,0,M)\} \xrightarrow{\text{a}} (T',v(N+M),N,M) \tag{8.15}$$

を考える．この過程でする仕事は 0 なので，始状態と終状態の内部エネルギーは等しい．したがって，2 成分理想気体の内部エネルギーの式から，$T' = T$ になる．よって，過程 (8.15) でのエントロピー変化 ΔS は

$$\begin{aligned}\Delta S &= S(T,v(N+M),N,M) \\ &\quad -S(T,vN,N,0) - S(T,vM,0,M) \tag{8.16}\\ &= -NR\log\frac{N}{N+M} - MR\log\frac{M}{N+M} > 0 \tag{8.17}\end{aligned}$$

となる．たしかに，断熱自由混合によって，エントロピーが増大する．熱力学第 2 法則によって，断熱過程 (8.15) は不可逆過程である．

（注釈）

(1) これに関連して，パラドックスとして取り上げられている問題がある．体積が等しい 2 つ箱に同じ温度の同じ種類の流体が入っているとしよう．このとき，2 つの箱を接触させて，接触壁をとり払っても，平衡状態が保たれているのでエントロピーは増えない．ところで，同じ種類の流体でも，最初にどちらの箱にあったか，という区別がついているので，その意味で異なる種類だとみなすことができないか，という議論である．ともかく，異なる種類だと解釈すれば，上でみたように，エントロピーが増える．つまり，同種・異種の割り当ての解釈によってエントロピー差が異なってくるのである．しかし，エントロピー差は測定可能量なので，同種・異種の差を物理的な何かに求めないといけない．

(2) 同種・異種の区別は，半透膜によって選別できるかどうかが決めている．したがって，頭の中で勝手に異種だと解釈することはいかなる物理的実体と関係がない．これで，問題がまったくなくなるかというとそうではない．そもそも，多成分流体の熱力学を議論する際に，ある物質は他のすべての異なる種類の物質から半透膜で選別できる，という前提をおいた（cf. 前提 8.1）．論理的には，「異なる種類」の物質という言葉が指すものがはっきりしないので，これでは，堂々巡りになる．たとえば，中性子の数が多い炭素を含む二酸化炭素は通常の二酸化炭素と異なる種類とみなせるのだろうか？ たしかに，物理的な属性が異なっているが，物理的な属性の差があれば，必ず，選別ができるのかどうか，そして，その選別操作を準静的にできる手段をもちうるのかどうか，という問いには答えることができない．

8.3 希薄溶液の自由エネルギー

多成分流体の例として，1 つの成分が他の成分に比べて圧倒的に多い場合を考えよう．水に少量のアルコールを混ぜた情況を思い浮かべればよい．このような流体を**希薄溶液**とよぶ．また，その多い成分を**溶媒**，少ない成分を**溶質**とよぶ．溶液という言葉は液体を連想させるが，液体でも気体でもよい．

8.1 節の記号にしたがって，希薄溶液の状態を (T, V, N, M) と書く．ただし，

N は溶媒の物質量, M は溶質の物質量である. 希薄溶液とは定義によって,

$$\epsilon = \frac{M}{N} \ll 1 \tag{8.18}$$

を意味する. 以下では, ϵ に関する冪展開を行い, その高次の項を無視する. $\epsilon = 0$ は溶質がない場合に相当する. このときの溶液を**純粋溶媒**とよぶ.

純粋溶媒に対して溶質をすこし加えたときに, 純粋溶媒の性質がすこし変わる. 議論の出発点として, ϵ で展開してよい量を指定する.

前提 8.2 (仕事の解析性) (N, M) を固定した等温準静的仕事と断熱仕事は, ϵ に関して冪展開できる.

すぐあとでわかるように, 熱力学関数そのものは, このような解析性をもたない.

希薄溶液のエントロピー $S(T, V, N, M)$ を構成しよう. まず, エントロピーの示量性から

$$S(T, V, N, M) = Ns(T, v, 1, \epsilon) \tag{8.19}$$

と書ける. ここで, s は単位物質量あたりのエントロピーをあらわし, 示強変数である. また,

$$v = \frac{V}{N} \tag{8.20}$$

は比体積とよばれ, 物質量密度の逆数である. (N, M) を固定して議論をすすめる. 勝手な状態対 (T', V', N, M), (T, V, N, M) に対して, 断熱準静的過程と等温準静的過程の合成過程

$$(T', V', N, M) \xrightarrow{\text{aqs}} (T, V'', N, M) \xrightarrow{\text{iqs}} (T, V, N, M) \tag{8.21}$$

を考える. 状態間のエントロピー差

$$S(T, V, N, M) - S(T', V', N, M) \tag{8.22}$$

は過程 (8.21) の中の等温準静的仕事を使って書き下すことができる (cf. 定理 5.3). したがって, 前提 8.2 (仕事の解析性) より, ϵ に関して展開し, ϵ^2

8.3 希薄溶液の自由エネルギー 119

以上の項を無視すると，次の形に書ける．

$$S(T, V, N, M) - S(T', V', N, M)$$
$$= N[s(T, v, 1, \epsilon) - s(T', v', 1, \epsilon)] \tag{8.23}$$
$$= N[s(T, v, 1, 0) - s(T', v', 1, 0)] + N\epsilon\Sigma(T, v; T', v') \tag{8.24}$$

ここで，基準点 (T_*, v_*) を選び，示強変数 $s_1(T, v)$ を

$$s_1(T, v) = \Sigma(T, v; T_*, v_*) + s_{1*} \tag{8.25}$$

と定義する．このとき，

$$S(T, V, N, M) - S(T_*, v_*N, N, M)$$
$$= N[s(T, v, 1, 0) - s(T_*, v_*, 1, 0)] + N\epsilon[s_1(T, v) - s_{1*}] \tag{8.26}$$

と書けるので，基準点に依存する部分を 1 つの項にあつめて，ϵ から M に変数を戻すと，

$$S(T, V, N, M) = S_0(T, V, N) + Ms_1(T, \frac{V}{N}) + S_{\text{mix}}(N, M) \tag{8.27}$$

を得る．ただし，

$$S_0(T, V, N) = S(T, V, N, 0) \tag{8.28}$$

とおいた．S_0 は純粋溶媒のエントロピーをあらわしている．また，Ms_1 は溶質のエントロピー，S_{mix} は**混合のエントロピー**と解釈される．$S_{\text{mix}}(N, M)$ は基準点に依存するが，基準点の依存性は重要でないので明示的に書いていない．

まったく同様にして，内部エネルギー差も断熱仕事で表現できるので，

$$U(T, V, N, M) = U_0(T, V) + Mu_1(T, \frac{V}{N}) + U_{\text{mix}}(N, M) \tag{8.29}$$

を得る．U_0 は純粋溶媒の内部エネルギー，u_1 は新しく導入された示強変数である．

ここで, (T,V) に依存しない項 $S_\mathrm{mix}, U_\mathrm{mix}$ の存在が重要である. (N,M) を固定し, 体積を十分大きくすると, 溶媒も溶質も理想気体として扱ってよい. したがって, 前節で計算した 2 成分理想気体のエントロピーの式より, $N/V \to 0, M/V \to 0$ の極限で,

$$S(T,V,N,M) - S_0(T,V,N) \quad \to \quad MR\log\frac{T^c V}{M} \tag{8.30}$$

$$= \quad MR\log\frac{T^c V}{N} + MR\log\frac{N}{M} \tag{8.31}$$

を得る. ここで, c は物質 B の熱容量の比例係数である. (8.27) 式と比べて, (8.31) 式の第 2 項が S_mix に対応することがわかる. S_mix は (T,V) に依存しないので,

$$S_\mathrm{mix}(N,M) = -MR\log\frac{M}{N} \tag{8.32}$$

を得る. 同様にして,

$$U_\mathrm{mix}(N,M) = 0 \tag{8.33}$$

がわかる. エントロピーとエネルギーがわかったので, 自由エネルギーは

$$F(T,V,N,M) \quad = \quad U(T,V,N,M) - TS(T,V,N,M) \tag{8.34}$$

$$= \quad F_0(T,V,N) + Mf_1(T,\frac{V}{N}) + MRT\log\frac{M}{N} \tag{8.35}$$

と書ける. ここで, F_0 は純粋溶媒の自由エネルギーで, $f_1 = u_1 - Ts_1$ である. F_0, f_1 は物質ごとに異なる. (8.35) 式は, 希薄溶液の自由エネルギーとよばれる.

(注釈)

希薄溶液のエントロピーにおいて, $S_\mathrm{mix}(N,M)$ を混合のエントロピーとよんだ. 希薄溶液のエントロピーが, N に比例する項, M に比例する項, その他と分解できるので, その他の部分を混合のエントロピーとよぶのは自然に思える. ところで, 文献によっては, 断熱自由混合によるエントロピー増大を混合のエントロピーとよぶことがある. エントロピーは状態変数なので, 特定の過程のエントロピー変化を◯◯エントロピーとよぶのは語感が悪い. ましてや,「混合によってエントロピーが増える. これを混合のエントロピーと

よぶ」とか「混合が起こればエントロピーが増大する」という記述は誤解をまねく. 8.1 節で述べたように，断熱準静的混合過程ではエントロピーは変化しない.

8.3.1 浸透圧

体積 V の箱の中に物質量 N の溶媒と物質量 M の溶質を入れた希薄溶液を閉じ込め，等温環境におく．左端に溶媒だけが透過できる半透膜を入れ，右側に動かして，純粋溶媒と希薄溶液が半透膜によって仕切られるようにする (cf. 図 8.3). この配置の平衡状態では，希薄溶液の圧力が純粋溶媒の圧力より大きくなる．この圧力差を**浸透圧**とよぶ.

純粋溶媒の体積を V', 希薄溶液の体積を V'' とする. このとき，溶媒の物質量は純粋溶媒に N', 希薄溶液に N'' 配分されているとしよう. この平衡状態は

$$\{(T, V', N', 0), (T, V'', N'', M)\} \tag{8.36}$$

と記述される．以下では，温度はずっと固定されているので，状態表示から省く. 希薄溶液の溶質の物質量が 0 の場合，左右の箱に区別がないので，溶媒の密度が等しい．このときの溶媒の物質量配分を (N'_0, N''_0) と書くと，

$$\frac{V'}{N'_0} = \frac{V''}{N''_0} = \frac{V}{N} = v_* \tag{8.37}$$

が成り立つ．希薄溶液の場合には，

$$\epsilon = \frac{M}{N''_0} \tag{8.38}$$

が非常に小さい．溶質の小さな効果によって，溶媒の物質量がすこし変化す

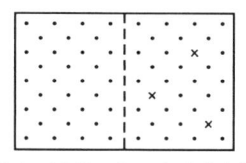

図 8.3 溶媒だけが透過できる半透膜を仕切り壁にして，純粋溶媒と希薄溶液が接触している.

るはずである．変化量の ϵ^2 以上の項を無視して，

$$N' = N'_0 + \epsilon N'_1 \tag{8.39}$$

$$N'' = N''_0 + \epsilon N''_1 \tag{8.40}$$

とおく．ただし，物質量の保存から，

$$N'_1 + N''_1 = 0 \tag{8.41}$$

が成り立つ．以下の計算では，すべて，ϵ^2 以上の項を無視する．

浸透圧 $\tilde{P}$ は

$$\tilde{P} = P(V'', N'', M) - P(V', N', 0) \tag{8.42}$$

で定義される．各々の圧力を自由エネルギー (8.35) 式の体積に関する偏微分から求めると，

$$\tilde{P} = P_0(v'') - M f'_1(v'') \frac{1}{N''} - P_0(v') \tag{8.43}$$

と書ける．ここで，

$$P_0(v) = -\left(\frac{\partial F_0}{\partial V}\right)_N \tag{8.44}$$

は純粋溶媒の圧力をあらわす．圧力の示強性より，P_0 は比体積 $v = V/N$ の関数とみなせる．また，f'_1 は f_1 の v'' に関する微分をあらわす．

(8.39), (8.40) 式を (8.43) 式に代入し，

$$v' = \frac{V'}{N'_0 + \epsilon N'_1} \tag{8.45}$$

$$= v_* \left(1 - \epsilon \frac{N'_1}{N'_0}\right) \tag{8.46}$$

などに注意すると，

$$\tilde{P} = \epsilon \left[P'_0 v_* \left(\frac{N'_1}{N'_0} - \frac{N''_1}{N''_0}\right) - f'_1 \right] \tag{8.47}$$

を得る．P'_0 は P_0 の引数である v の微分をあらわす．また，ここでの f'_1, P'_0 は v_* での値をとっている．浸透圧は，見かけ上，f_1 にも依存するし，溶媒の物質量配分にも依存する．次に，物質量配分を決めよう．

8.3 希薄溶液の自由エネルギー 123

溶質の存在による溶媒の物質量配分の変化 (N_1', N_1'') は溶媒の化学ポテンシャル μ によって,

$$\mu(V', N', 0) = \mu(V'', N'', M) \tag{8.48}$$

で決定される (cf. 8.1.1 節). ここで, (8.35) 式, および, 化学ポテンシャルの定義より,

$$\mu(V', N', 0) = \left(\frac{\partial F_0}{\partial N'}\right)_{V'} \tag{8.49}$$

$$\mu(V'', N'', M) = \left(\frac{\partial F_0}{\partial N''}\right)_{V''} - \frac{Mv''}{N''}f_1'(v'') - TR\frac{M}{N''} \tag{8.50}$$

である. (8.38), (8.39), (8.40) 式を (8.49), (8.50) 式に代入し, ϵ^2 以上の項を無視し, (8.48) 式を使うと, N_1'' を求めることができる.

まず, 化学ポテンシャルの示強性より,

$$\mu_0(v) = \mu(V, N, 0) = \left(\frac{\partial F_0}{\partial N}\right)_V \tag{8.51}$$

とおく. μ_0 は比体積 $v = V/N$ の関数である. (8.50) 式を

$$\mu(V'', N'', M) = \mu_0(v'') - \epsilon[v''f_1'(v'') + TR] \tag{8.52}$$

と書く. v'' に関して (8.46) 式に対応する式を (8.52) 式に代入して, ϵ の 1 次の項まで考えると,

$$\mu(V'', N'', M) = \mu_0(v_*) - \epsilon\left[v_*\mu_0'(v_*)\frac{N_1''}{N_0''} + v_*f_1'(v_*) + TR\right] \tag{8.53}$$

を得る. μ_0' は μ_0 の引数である v での微分をあらわす. 同様に, (8.49) 式より,

$$\mu(V', N', 0) = \mu_0(v_*) - \epsilon v_*\mu_0'(v_*)\frac{N_1'}{N_0'} \tag{8.54}$$

を得る. (8.53), (8.54) 式を (8.48) 式に代入すると,

$$\mu_0'\left(\frac{N_1'}{N_0'} - \frac{N_1''}{N_0''}\right) = f_1' + \frac{TR}{v_*} \tag{8.55}$$

を得る. μ_0', f_1' は v_* での値をとる. (8.41) 式と連立させると, (N_1', N_1'') を具体的に求めることができる. 物質量の配分は f_1 の関数形に依存する.

浸透圧の式 (8.47) と (8.55) 式を使うと，浸透圧の最終的な表現

$$\tilde{P} = \epsilon \frac{TR}{v_*} \tag{8.56}$$
$$= \frac{MRT}{V''} \tag{8.57}$$

に到達する．ここで，8.1.1 節で示した恒等式 (8.12) 式と等価な式

$$vP_0'(v) = \mu_0'(v) \tag{8.58}$$

を使った．(8.57) 式は，理想気体の状態方程式と同一の形をしている．自由エネルギーの小さな補正項 f_1 は浸透圧にはあらわれない．

演習問題

8.1 溶質の自由エネルギー密度に対応する f_1 を

$$f_1(v) = -RT\log(v-b) \tag{8.59}$$

と仮定し，物質量配分の補正を具体的に計算せよ．ただし，$b \ll v$ としてよい．

付録：偏微分

熱力学では，多変数の解析が頻繁に出てくる．偏微分はそのもっとも基本的な演算である．この付録では，本書で利用される偏微分に関する性質をまとめておく．

A.1 定義

2変数の関数 $f(x,y)$ があったとき，変数 y を固定して，変数 x だけの関数とみなして，x に関する微分を考える．この微分を関数 f の x に関する偏微分とよび，$\partial f/\partial x$ という記号で書く．丁寧に書くと，

$$\frac{\partial f}{\partial x} = \lim_{\delta x \to 0} \frac{f(x+\delta x, y) - f(x,y)}{\delta x} \tag{A.1}$$

である．また，熱力学では，独立変数の組が自在に変化するので，固定される変数を明示的に下横に記す習慣がある．つまり，記号

$$\left(\frac{\partial f}{\partial x}\right)_y \tag{A.2}$$

は，f の x に関する偏微分であることだけでなく，f を (x,y) の関数として考えていることも同時に意味する．本書では，熱力学の習慣にしたがう．

A.2　関数の展開

十分小さい Δx, Δy に対して，$f(x+\Delta x, y+\Delta y)$ は，次のように展開される．

$$f(x+\Delta x, y+\Delta y) = f(x,y) + \left(\frac{\partial f}{\partial x}\right)_y \Delta x + \left(\frac{\partial f}{\partial y}\right)_x \Delta y + o(\Delta x, \Delta y) \quad \text{(A.3)}$$

ここで，$o(\Delta x, \Delta y)$ とは，$\Delta x, \Delta y \to 0$ に対して，無視できる寄与がある，ということを意味をする．

さらに展開をすすめると，たとえば，

$$f(x+\Delta x, y) = f(x,y) + \left(\frac{\partial f}{\partial x}\right)_y \Delta x + \frac{1}{2}\frac{\partial^2 f}{\partial x^2}(\Delta x)^2 + o((\Delta x)^2) \quad \text{(A.4)}$$

などを得る．

A.3　偏微分の関係式

偏微分の間に成り立つ関係式を説明しておく．解析学では陰関数定理として知られているものに相当する．条件等について詳しく知りたい読者は解析学の本を見られたい．

x, y, z が $f(x,y,z) = 0$ を満たすとする．x について解くことができて，$x = x(y,z)$ のようにあらわす．他の変数についても同様である．このとき，x, y, z の微小な変化は独立でなく，

$$f(x+\Delta x, y+\Delta y, z+\Delta z) = f_x \Delta x + f_y \Delta y + f_z \Delta z + o(\Delta x, \Delta y, \Delta z) \quad \text{(A.5)}$$

$$= 0 \quad \text{(A.6)}$$

を満たす．ここで，f_x は f の x に関する偏微分

$$f_x = \left(\frac{\partial f}{\partial x}\right)_{y,z} \quad \text{(A.7)}$$

をあらわす．f_y, f_z も同様である．したがって，z を固定したときの y の変化に対する x の変化は，(A.6) 式で，$\Delta z = 0$ とおいて，$\Delta y \to 0$ を考えると，

$$\left(\frac{\partial x}{\partial y}\right)_z = \lim_{\Delta y \to 0} \frac{\Delta x}{\Delta y} = -\frac{f_y}{f_x} \tag{A.8}$$

を得る．これより，ただちに，

$$\left(\frac{\partial x}{\partial y}\right)_z = \left(\frac{\partial y}{\partial x}\right)_z^{-1} \tag{A.9}$$

がわかる．また，すこし技巧的であるが，

$$\left(\frac{\partial x}{\partial y}\right)_z \left(\frac{\partial y}{\partial z}\right)_x \left(\frac{\partial z}{\partial x}\right)_y = -\frac{f_y}{f_x}\frac{f_z}{f_y}\frac{f_x}{f_z} \tag{A.10}$$

$$= -1 \tag{A.11}$$

が成り立つこともわかる．この 2 つの関係式は，熱力学の応用では，有用である．

関連文献

[1] 山本義隆, 熱学思想の史的展開（現代数学社, 1987年).
熱力学史に関する本である．歴史の記述にとどまらず，熱力学のもつ思想的な背景や全体像がわかる素晴らしい本である．

[2] エンリコ・フェルミ, 加藤正昭訳, フェルミ熱力学（三省堂, 1973年).
典型的な入門書とされている．しかし，高度な補間が要求される箇所が随所にあるので，薄いから理解しやすい，というわけではない．

[3] キャレン, 小田垣孝訳, 熱力学および統計物理入門（吉岡書店, 1998年).
エントロピーありきで熱力学を議論するスタイルの本である．実用的にも有用なアプローチだったこともあり，熱力学の代表的な本の1つになっている．しかし，最初にこの本だけを読むと熱力学の核心が理解できないように思える．

[4] 久保亮五編, 大学演習 熱学・統計力学（裳華房, 1998年).
具体的な問題を考えないと，熱力学の雰囲気はわかりにくい．余力のある限りにおいて，この本の問題に挑戦することをすすめたい．

[5] 田崎晴明, 熱力学 – 現代的な視点から –（培風館, 2000年).
熱力学の捉え方など，本書と共通する部分も多い．本書より一般的な記述で，論理的により緻密で，幅広い題材をあつかっている．

[6] Elliot Lieb and Jakob Yngvason, The Physics and Mathematics of the Second Law of Thermodynamics, *Physics Report*, **310**, 1-96 (1999).

公理論的熱力学の論文である．数理物理の論文であるが，物理学として既にわかっていることの数学的表現でなく，非常に深い考察を含んでいる．

おわりに

　教科書を書くという作業以前に，筆者自身の熱力学の理解を整理しなければならなかった．試行錯誤と失敗の連続で，なかなかうまくいかなかったが，幸運な出来事が重なって，本書にまでたどりついた．

　第1に，1995年頃，大野克嗣さんから「もっとも高い普遍性を有する学問としての熱力学とその操作論的方法論による論理の構成」という考え方を明確な言葉として指摘されたこと．熱力学を捉え直すきっかけになり，また，通常の熱力学にとどまらず，広い意味の「熱力学構造」[1]を研究していくことになった．そして，関本謙さん，柴田達夫さん，波多野恭広さん，松尾美希さん，小松輝久さんとの「熱力学構造」に関する研究を通して，熱力学そのものの理解を深めることができた．

　第2に，LiebとYngvasonによる素晴らしい論文[6]が出たこと．数理物理の論文であるが，その考察は深い．特に，その論文で与えられたエントロピーの閉じた表現に強くひきつけられ，それのエネルギー論的熱力学への翻訳を考えることになった．筆者が完全な解決に至る前に，1997年12月中旬に，佐藤勝彦さんが理想気体モデルでの翻訳に成功し，それを筆者にFAXで送ってくれた．その内容を一般化して，1998年1月上旬に，本書の定理5.3

---

[1] 状態変化に制限がある現象に備わる構造という意味．科学用語として定着しているわけではない．

の原型を書いた.

　第 3 に,田崎晴明さんが壮大な熱力学の教科書 [5] の執筆を開始したこと.同時期に熱力学を整理する強力な人と議論できたことの影響は大きかった.筆者の熱力学に関する素朴な疑問や混乱が,田崎晴明さんの明晰な指摘で随分と解決した.田崎晴明さんとは,ほとんどすべて e-mail のやりとりによって議論をしてきた.e-mail によって,直接会えない人との議論が気軽にできるようになり,田崎晴明さん,武末真二さん,早川尚男さん,関本謙さんと e-mail を通じた日常的な議論の継続が長期に渡って行われた.e-mail での「熱力学サロン」とでもいうべき会話は,大いに刺激になり,本書の内容に影響を与えた.

　第 4 に,職場に,熱力学を真剣に考える同僚がいたこと.特に,清水明さん,金子邦彦さん,池上高志さん,との会話では,熱力学を議論していても,常に,量子力学の問題や生物の問題や認知の問題に話が発展していった.熱力学の考え方とそれらの問題には,共通する部分が少なからずあるように思える.完成している熱力学の整理にとどまらず,熱力学の考えかたを科学としてどういう方向へ発展させるか,という問題意識を常に持続できたのは,そのような外に開いていく会話による影響が無視できない.

　これだけの幸運が重なっても,本書はなかなか完成しなかった.1998 年 8 月には,まとまった時間を利用して,それまでに書いていた原稿をまとめ直して,本の体裁を整え,10 月に仮製本し,有志の方に配布した.しかし,これは酷い出来だった.全体的な位置づけがはっきりせず,筆者がその時点で拘ったところが,所々突出している,という不細工なものだった.その結果,脱力し,しばらく放置することになった.書きなおす気力が湧いてきたのは,筆者の研究の区切りの目安がたった 1999 年 7 月下旬頃である.論文の執筆と本書の原稿の書き直しを並行して行う決意をした.11 月上旬に,論文を投稿することができ,その時点で,本書の原案もほぼそろっていたので,あとは,完成に向けて集中するのみとなった.しかし,その作業でも,理解不十分な点は次々と発覚し,e-mail での「熱力学サロン」で議論してもらいながらの作業となった.特に,早川尚男さんには,本書の大枠ができたとき,査読してもらい,筆者の勇足的な間違いを指摘してもらった.

そして，そもそも，共立出版において，物理学入門シリーズ（兵頭俊夫先生編集）の企画がなければ，本としてまとめる作業を完遂できなかったであろう．兵頭先生には，執筆の機会を与えて下さっただけでなく，原稿を精読していただき，誤解を招く表現や舌足らずの表現を指摘していただいた．

原稿が完成したとき，共立出版編集部で本書の担当だった古川昭政さんの突然の訃報を聞くことになった．おおらかに励ましていただいた古川さんに，原稿完成のお知らせをできなかったのは，筆者としても残念である．ご冥福をお祈りしたい．また共立出版編集部には，担当の急逝という予想外の出来事にもかかわらず，予定どおりの出版に向けて対応していただいた．特に，急遽，担当になっていただいた赤城圭さんには，格別のお世話になった．

おそらく，まだ不十分な点はあるだろう．しかし，何はともあれ，本書を出版するところまできたのは，以上の方々を始めとする多くの人に助けていただいたお蔭である．感謝したい．

最後に，本書執筆にあたり，精神的に支えてくれた妻と二人の娘に感謝したい．

索　引

エ　エネルギー方程式, 42
　　エンタルピー, 101
　　エントロピー, 68
　　エントロピー最大原理, 108
　　エントロピー増大則, 69
　　エントロピー弾性, 97

カ　化学ポテンシャル, 115
　　可逆過程, 65
　　可逆熱接触, 79
　　過程, 28
　　カルノー機関, 55
　　カルノー効率, 57
　　カルノーサイクル, 56
　　カルノーの定理, 54
　　環境, 13
　　完全な熱力学関数, 76

キ　気化熱, 98
　　希薄溶液, 117
　　ギブスの自由エネルギー, 101

ク　クラウジウスの公式, 90
　　クラペイロンの式, 100

ケ　ケルビンの原理, 49
　　効率, 53
　　混合のエントロピー, 119

サ　サイクル過程, 47
　　最小仕事の原理, 51
　　最小発熱の原理, 53
　　最大吸熱の原理, 53
　　最大仕事の原理, 51

シ　示強性, 16
　　示強変数, 26
　　始状態, 28
　　自由エネルギー, 84
　　自由エネルギー最小原理, 105
　　終状態, 28
　　準静的過程, 30
　　　——の可逆性, 32
　　準静的仕事, 33

準静的熱, 33
状態関数, 26
状態変数, 26
状態方程式, 16
状態量, 26
示量性, 20
示量変数, 26
浸透圧, 121

セ　絶対温度, 59
　　潜熱, 98

ソ　相加性, 26
　　相転移, 98

タ　第 2 種永久機関, 48
　　多成分流体, 111
　　単温度状態, 26
　　単純状態, 25
　　断熱過程, 28
　　断熱環境, 15
　　断熱曲線, 43
　　断熱自由混合, 116
　　断熱自由膨張, 41
　　断熱準静的過程, 33
　　断熱準静的混合過程, 112

テ　定圧熱容量, 20
　　定積熱容量, 20

ト　等温過程, 28
　　等温環境, 13
　　等温準静的過程, 33

ナ　内部エネルギー, 38

ニ　2 成分理想気体, 116

ネ　熱源, 10
　　熱的操作, 10
　　熱容量, 20
　　熱浴, 14
　　熱力学第 2 法則, 67
　　熱溜, 14

ハ　発展基準, 107

ヒ　微分形式, 87

フ　ファンデルワールス気体, 34
　　不可逆過程, 65
　　不可逆性, 64
　　複合状態, 25
　　沸点, 99

ヘ　平衡状態の安定性, 104
　　平衡状態, 8

ホ　飽和圧力, 99
　　補償, 67

マ　マクスウェル関係式, 92

ヨ　溶質, 117
　　溶媒, 117

リ　力学装置, 24
　　力学的操作, 10
　　理想気体, 18
　　理想気体温度, 17
　　流体, 5
　　臨界温度, 98

著者略歴

佐々 真一
(さ さ しん いち)

1991年　京都大学大学院理学研究科博士課程修了
現　在　京都大学大学院理学研究科教授
　　　　理学博士

熱力学入門	著　者　佐々　真一　Ⓒ 2000
	発行者　南條　光章
	発行所　共立出版株式会社
	東京都文京区小日向 4-6-19
2000年4月10日　初版1刷発行	電話　東京(03)3947-2511番（代表）
2025年4月15日　初版20刷発行	郵便番号 112-0006
	振替口座 00110-2-57035 番
	URL　www.kyoritsu-pub.co.jp
	印　刷　啓文堂
	製　本　協栄製本
検印廃止	一般社団法人
NDC 426.5	自然科学書協会
ISBN 987-4-320-03347-4	会員　Printed in Japan

JCOPY ＜出版者著作権管理機構委託出版物＞

本書の無断複製は著作権法上での例外を除き禁じられています．複製される場合は，そのつど事前に，出版者著作権管理機構（ＴＥＬ：03-5244-5088，ＦＡＸ：03-5244-5089，e-mail：info@jcopy.or.jp）の許諾を得てください．

■物理学関連書

www.kyoritsu-pub.co.jp　**共立出版**

カラー図解 物理学事典	杉原 亮他訳
ケンブリッジ 物理公式ハンドブック	堤 正義訳
現代物理学が描く宇宙論	真貝寿明著
シンプルな物理学 身近な疑問を数理的に考える23講	河辺哲次訳
大学新入生のための物理入門 第2版	廣岡秀明著
楽しみながら学ぶ物理入門	山﨑耕造著
これならわかる物理学	大塚徳勝著
薬学生のための物理入門 薬学準備教育ガイドライン準拠	廣岡秀明著
看護と医療技術者のためのぶつり学 第2版	横田俊昭著
詳解 物理学演習 上・下	後藤憲一他共編
物理学基礎実験 第2版新訂	宇田川眞行他編
独習独解 物理で使う数学 完全版	井川俊彦訳
物理数学講義 複素関数とその応用	近藤慶一著
物理数学 量子力学のためのフーリエ解析・特殊関数	柴田尚和他著
理工系のための関数論	上江洲達也他著
工学系学生のための数学物理学演習 増補版	橋爪秀利著
詳解 物理応用数学演習	後藤憲一他共編
演習形式で学ぶ特殊関数・積分変換入門	蓬田 清著
解析力学講義 古典力学を越えて	近藤慶一著
力学 (物理の第一歩)	下村 裕著
大学新入生のための力学	西浦宏幸他著
ファンダメンタル物理学 力学	笠松健一他著
演習で理解する基礎物理学 力学	御法川幸雄他著
工科系の物理学基礎 質点・剛体、連続体の力学	佐々木一夫他著
基礎から学べる工系の力学	廣岡秀明著
基礎と演習 理工系の力学	高橋正雄著
講義と演習 理工系基礎力学	高橋正雄著
詳解 力学演習	後藤憲一他共編
力学 講義ノート	岡田静雄他著
振動・波動 講義ノート	岡田静雄他著
電磁気学 講義ノート	高木 淳他著
大学生のための電磁気学演習	沼居貴陽著
プログレッシブ電磁気学 マクスウェル方程式からの展開	水田智史著
ファンダメンタル物理学 電磁気・熱・波動 第2版	新居殻人他著
演習で理解する基礎物理学 電磁気学	御法川幸雄他著
基礎と演習 理工系の電磁気学	高橋正雄著
楽しみながら学ぶ電磁気学入門	山﨑耕造著
入門 工系の電磁気学	西浦宏幸他著
詳解 電磁気学演習	後藤憲一他共編
熱の理論 お熱いのはお好き	太田浩一著
英語と日本語で学ぶ熱力学	R.Micheletto他著
熱力学入門 (物理学入門S)	佐々真一著
現代の熱力学	白井光幸著
生体分子の統計力学入門 タンパク質の動きを理解するために	藤崎弘士他訳
新装版 統計力学	久保亮五著
複雑系フォトニクス レーザカオスの同期と光情報通信への応用	内田淳史著
光学入門 (物理学入門S)	青木貞雄著
復刊 レンズ設計法	松居吉哉著
量子論の果てなき境界 ミクロとマクロの世界にひそむシュレディンガーの猫たち	河辺哲次訳
量子コンピュータによる機械学習	大関真之監訳
大学生のための量子力学演習	沼居貴陽著
量子力学基礎	松居哲生著
量子力学の基礎	北野正雄著
復刊 量子統計力学	伏見康治編
量子統計力学の数理	新井朝雄著
詳解 理論応用量子力学演習	後藤憲一他共編
復刊 相対論 第2版	平川浩正著
原子物理学 量子テクノロジーへの基本概念 原著第2版	清水康弘訳
Q&A放射線物理 改訂2版	大塚徳勝他著
量子散乱理論への招待 フェムトの世界を見る物理	緒方一介著
大学生の固体物理入門	小泉義晴監修
固体物性の基礎	沼居貴陽著
材料物性の基礎	沼居貴陽著
やさしい電子回折と初等結晶学 改訂新版	田中通義他著
物質からの回折と結像 透過電子顕微鏡法の基礎	今野豊彦著
物質の対称性と群論	今野豊彦著
超音波工学	荻 博次著